U0135396

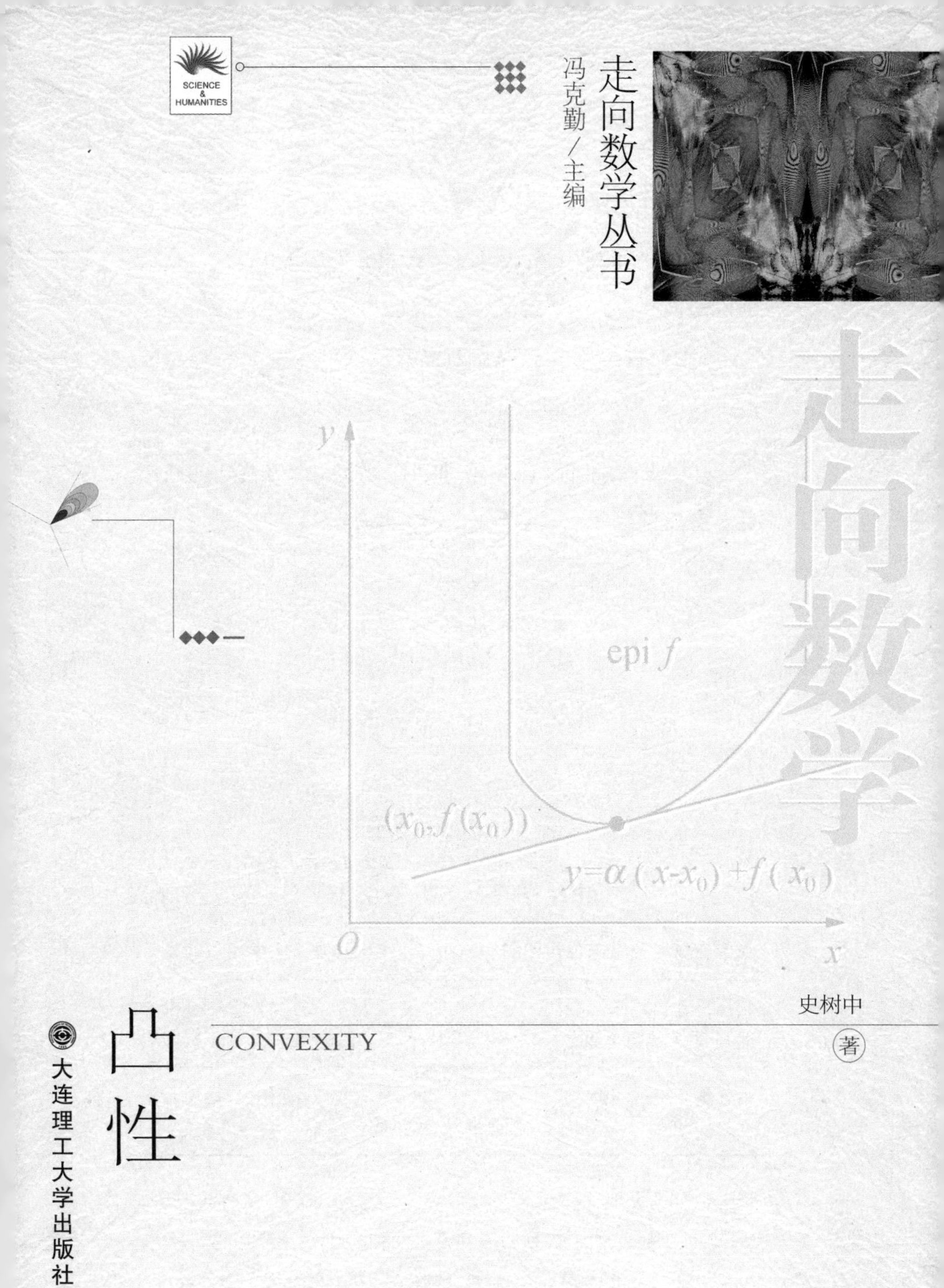

凸性

CONVEXITY

史树中 著

大连理工大学出版社

图书在版编目(CIP)数据

凸性 / 史树中著. -- 大连:大连理工大学出版社,
2023.1

(走向数学丛书 / 冯克勤主编)

ISBN 978-7-5685-4130-5

Ⅰ. ①凸… Ⅱ. ①史… Ⅲ. ①凸集—普及读物②凸函数—普及读物 Ⅳ. ①O174.13-49

中国国家版本馆 CIP 数据核字(2023)第 003601 号

凸性
TUXING

大连理工大学出版社出版
地址:大连市软件园路 80 号　邮政编码:116023
发行:0411-84708842　邮购:0411-84708943　传真:0411-84701466
E-mail:dutp@dutp.cn　URL:https://www.dutp.cn

辽宁新华印务有限公司印刷　　大连理工大学出版社发行

幅面尺寸:147mm×210mm　印张:5.875　字数:129 千字
2023 年 1 月第 1 版　　2023 年 1 月第 1 次印刷

责任编辑:王　伟　　责任校对:周　欢
封面设计:冀贵收

ISBN 978-7-5685-4130-5　　定　价:69.00 元

本书如有印装质量问题,请与我社发行部联系更换。

“走向数学”丛書

陳省身题

科技强国，数学为本

吴文俊

2010.1.10

走向数学丛书

编 写 委 员 会

续编说明

自从1991年“走向数学”丛书出版以来，已经出版了三辑，颇受我国读者的欢迎，成为我国数学传播与普及著作的一个品牌．我想，取得这样可喜的成绩主要原因是：中国数学家的支持，大家在百忙中抽出宝贵时间来撰写此丛书；天元基金的支持；与湖南教育出版社出色的出版工作．

但由于我国毕竟还不是数学强国，很多重要的数学领域尚属空缺，所以暂停些年不出版亦属正常．另外，有一段时间来考验一下已经出版的书，也是必要的．看来考验后是及格了．

中国数学界屡屡发出继续出版这套丛书的呼声．大连理工大学出版社热心于继续出版；世界科学出版社（新加坡）愿意出某些书的英文版；湖南教育出版社也乐成其事，尽量帮忙．总之，大家愿意为中国数学的普及工作尽心尽力．在这样的大好形势下，“走向数学”丛书组成了以冯克勤教授为主编的编委会,领导继续出版工作,这实在是一件大好事.

首先要挑选修订、重印一批已出版的书;继续组稿新书;由于我国的数学水平距国际先进水平尚有距离,我们的作者应面向全世界,甚至翻译一些优秀著作.

我相信在新的编委会的领导下,丛书必有一番新气象.

我预祝丛书取得更大成功.

王 元

2010 年 5 月于北京

编写说明

从力学、物理学、天文学，直到化学、生物学、经济学与工程技术，无不用到数学. 一个人从入小学到大学毕业的十六年中，有十三四年有数学课. 可见数学之重要与其应用之广泛.

但提起数学，不少人仍觉得头痛，难以入门，甚至望而生畏. 我以为要克服这个鸿沟还是有可能的. 近代数学难于接触，原因之一大概是其符号、语言与概念陌生，兼之近代数学的高度抽象与概括，难于了解与掌握. 我想，如果知道讨论对象的具体背景，则有可能掌握其实质. 显然，一个非数学专业出身的人，要把数学专业的教科书都自修一遍，这在时间与精力上都不易做到. 若停留在初等数学水平上，哪怕做了很多难题，似亦不会有助于对近代数学的了解. 这就促使我们设想出一套“走向数学”小丛书，其中每本小册子尽量用深入浅出的语言来讲述数学的某一问题或方面，使工程技术人员、非数学专业的大学生，甚至具有中学数学水平的人，亦能懂得书中全部或部分含义与内容. 这对提高我国人民的数学修养与水平，可能会起些作用. 显然，要将一门数学深入浅出地讲出来，绝非易事. 首先要对这门数学有深入的研究与透彻的了解. 从整体上说，我国的数学水平还不高，能否较好地完成这一任务还难说. 但我了解很多数学家的积极性很高，他们愿意为“走向数学”丛书撰稿. 这很值得高兴与欢迎.

承蒙国家自然科学基金委员会、中国数学会数学传播委员会与湖南教育出版社的支持，得以出版这套“走向数学”丛书，谨致以感谢.

王　元

1990 年于北京

目　录

一 凸 集

§1.1 凸＝高于周围

我们知道汉字起初是一种象形文字，但是今天的汉字绝大多数已无形可象．即使如“日月山水”等几个最“象”的字来看，不看它们的甲骨文原形，也很难“象”出来．“凹凸”二字似乎是仅有的例外．[①]按照通常汉语词典中的解释，“凹”的含义是“低于周围”，而“凸”的含义是“高于周围”，完全如同这两个字所表现的形状．

我们这本数学小册子的题目叫作“凸性”，顾名思义，就

---

①对此笔者请教了古文字学家林沄教授，他的回答摘要如下：“关于‘凹凸’两字实在不属于我们古文字学的范围．在先秦古文字中至今没有见到过．……东汉许慎编的《说文解字》中也没有这两个字．出现这两个字最早的著作现在查到的是晋代葛洪(281？—341)著《抱朴子》．……可以推论，凹凸这两个字是魏晋时代新造的象形字，用抽象的几何图形概括洼下和突起这两个概念．中国文字发展的一般规律是原始象形字、会意字被形声字取代，凹凸两字却相反，这是很有趣的．”

是要研究一种“高于周围”的性质.它是用来刻画物体的形状的,因而是一种几何性质.说到“高于周围”,自然是指某个几何图形的某个点的性质.但是这样的说法很含糊,因为“高低”是相对的,“周围”也有待明确.

为了使这本小册子适合于中学生水平,下面我们将主要讨论平面图形.但是以后我们将看到,这并没有使我们的讨论有很大的局限性.对于立体图形以及更一般的图形来说,绝大部分的结果都是类似的.

我们现在来琢磨一下,对于一个平面图形来说,日常所说的凹凸是什么意思.这点可以从考察“凹凸”这两个字谈起.从这两个字来看,所谓“低于周围”和“高于周围”的含义都是指的这两个字的边界(框)的中上部与周围的比较.因此,首先我们可以肯定,“凹性”与“凸性”都是一个图形的边界上的点的性质.既然它们都是对图形而言的,我们就应该注意到,对于“凹”与“凸”所说的“低于周围”与“高于周围”的含义是不一样的.从“凸”字来看,其边界点上的“凸点”不但比周围的边界点高,也比周围的在图形内部的点高;而从“凹”字来看,其边界上的“凹点”虽然比周围的边界点低,但并不比周围的在图形内部的点低.注意到这点是很重要的.这就是说,“凹”与“凸”的区别并不是“凵”和“冂”的区别.对于后两者来说,把两者之一颠倒一下,就没有区别了,而“凹”“凸”两字不管怎么变方向,由于还要考虑图形的内部,都不会使原有的“凹性”与“凸性”颠倒.就像对一个齿轮来说,人们对齿轮边界上的点的“凹性”与“凸性”,并不因为齿轮的位置变化而改变看法.这同时也说明,“高低”都是指所考察的点相对于对图形来说的某一方向而言的,而不是对事先已定好的与图形无关的固定方向而言的.

现在我们对“凹凸”的认识比原有的粗略的感觉已经进了一步.但是为了更确切地刻画“凹点”与“凸点”,还需做一些更明确的规定.

定义1 对一个(平面)图形来说,其边界上的一个点称为**凸点**,是指对于某个方向而言,它比在其周围的图形内部的点要高;其边界上的一个点称为**凹点**,是指对于某个方向而言,在其周围的比它低的点都是图形内部的点.

这个“定义”已对我们通常理解的凹凸有所加工,其中最引人注目的是我们只让所讨论的点与其周围的图形内部点比“高低”,而不问其如何与周围的图形边界点比“高低”.同时,这里对凹点作了比“低于周围”更确切的说法.这些和我们日常判断凹凸稍有不同.我们所说的凹凸比通常理解的要宽松些,其中允许该点周围的图形边界上的点与该点“不分高低”.于是有可能出现既是凸点也是凹点的“平点”.我们通常理解的凸点和凹点可以称为**严格凸点**和**严格凹点**,它们将被定义为不是凹点的凸点和不是凸点的凹点.这时,我们可以看到,严格凸点将对某一方向比其周围的边界点高，而严格凹点则反之. 但是把这两个性质作为严格凸、凹点的定义显然是不合适的，因为如果不考虑图形的内部，这样的定义是无法区别(严格)凸与凹的.

虽然我们已在这里抓住了确定凹性与凸性的关键，但是这个“定义”还不能算是一个完整的数学定义，因为什么是“图形”、什么叫一个“图形”的“边界”和“内部”、什么叫一个点的“周围”、怎样衡量“高低”等都需进一步说明. 不过，对于中学平面几何中所遇到的三角形、多边形、圆等图形，这些概念都是明确的. 我们先来对这些图形讨论它们的边界点的凹性与凸性.

最简单的平面图形是三角形. 三角形的内部与边界的含义都很清楚. 我们可以看到，三角形的边界上的点都是凸点，但只有三个顶点是严格凸点. 对于三条边的内部的点来说，指向三角形外部的所在边的垂线方向就是“定义”所要求的方向. 对于这样的方向来说，该点周围的图形内部的点都比它低. 同时它周围比它低的点也一定是图形内部的点，即它们同时也是凹点. 而对于三角形的顶点来说，我们总能找到某个“凸方向”，使得对这个方向而言，它高于周围的三角形的内部点和边界点. 例如，在图 1 中，对于三角形 ABC 的顶点 A 来说，DA 与 EA 之间的任何向三角形外的方向都是“凸方向”，即使是 A 高于周围的图像内部点的方向，这里 DA 垂直于 AB，EA 垂直于 AC. 但不再存在任何方向，使得对该方向而言，低于它的周围的点是三角形内部的点. 因而它们都是严格凸点.

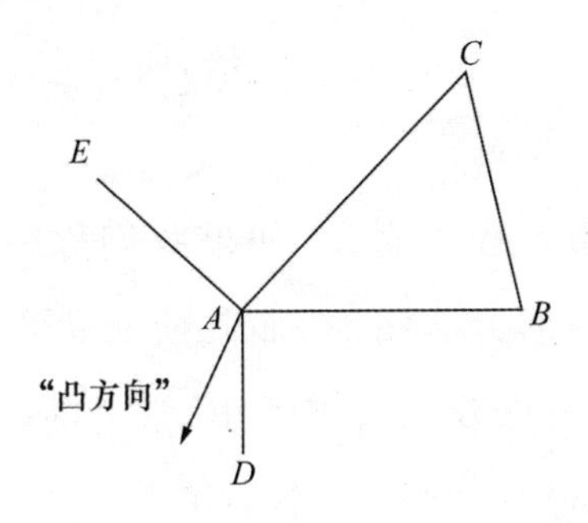

图 1　三角形

对于多边形来说情况有点不同. 一个多边形的边界上的点不一定都是凸点；即并非每一个多边形的顶点都一定是(严格)凸点. 所谓**凸多边形**就是其所有边界点都是凸点的多边形. 它也就是每一内角都小于 π 的多边形. 平行四边形、梯形、正多边形等都是凸多边形(图 2). 验证凸多边形的边界点的凸性的方向与三角形情形一样选择. 但是只有

图 2　凸多边形

凸多边形，而没有“凹多边形”，即不存在其每一边界点都是“凹点”（从而其所有内角都大于 π）的多边形. 这是因为多边形的内角和为 π 的（边数－2）倍，所以它至少有 3 个内角小于 π.

上述这件事有普遍意义. 如果我们称一个其所有边界点都是凸点的图形为**凸图形**，而其所有边界点都是凹点的图形为**凹图形**，那么我们可以看出，常见的图形中凸图形很多. 除了凸多边形外，圆是一个例子，其中“凸性方向”就是边界点所对应的半径方向. 圆心角小于 π 的扇形是又一个例子. 一般的凸图形有如图 3 中那样的形状. 凹图形则可看作凸图形的余集再并上其边界. 这种图形并不多见. 事实上，凹图形总是无界的，即无法把它限制在一个大圆内. 这就是说，就如上面所说“凹多边形”是不存在的那样，有界的凹图形是不存在的. 这件事即使对于用一条“绳圈”（无交叉点的连续封闭曲线）围成的图形来说也并非显而易见. 本丛书中姜伯驹教授写的《绳圈的数学》将证明一个绳圈的“外角和”公式. 利用它可以像证明不存在“凹多边形”那样来证明不存在（有界的）“凹图形”. 但对于一般情形来说则无法利用这样的公式. 由此也可说明这本小册子为什么像其他一些类似主题的书一样，题目中只带“凸”字，而不带“凹”字. 虽然“凹”似乎是“凸”的反义词，其实“凹性”对于有界的图形（它自然比无界的图形有用得多）来说不可能像“凸性”

那样成为一种整体的几何性质.

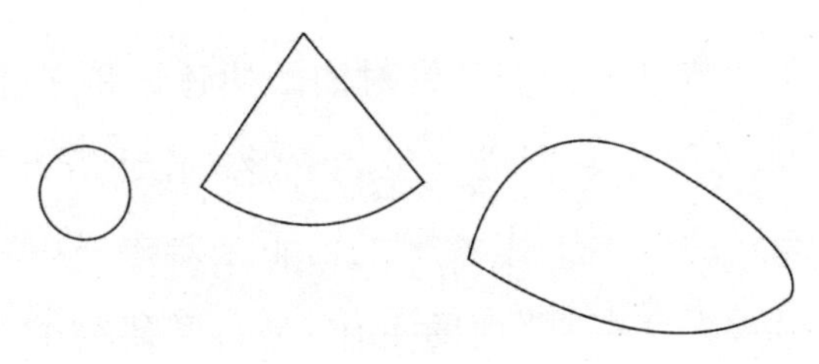

图 3 凸图形

还有一点要注意,对于一个图形来说,它的边界点并非不是凸点就一定是凹点.有可能存在非凸非凹的"拐点".例如,当图形的边界的一部分有点像正弦函数图像时,对应正弦函数零点处的边界点就是非凸非凹的(图 4 的 A 点).这样一来,图形边界上有非凸点并不说明一定有严格凹点.因此,一个非凸图形的边界上是否有严格凹点并不是显然的.我们以后将证明下列结论:每个非凸图形的边界上至少有一个严格凹点.

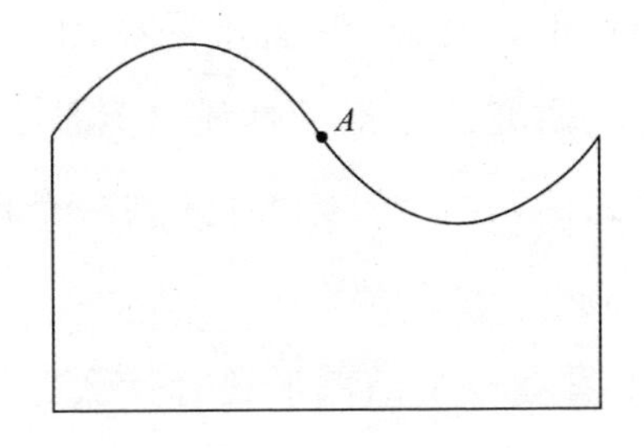

图 4 有非凸非凹点的图形

§1.2 凸＝四周鼓出

我们在上节已把人们日常对凹凸的感觉和理解精确为几何观念.虽然要把它们进一步数学形式化还需再加工,但这对训练有素的数学工作者来说已不是难事,这些都是属于“去粗取精,去伪存真”性的工作,是科学研究的开始.科学研究的深入将是由科学观念出发的“由此及彼,由表及里”.

然而,在做“由此及彼,由表及里”的工作以前,我们先要考察一下已形成的科学观念是否很有利于做这样的工作,是否还有更好的提法.从一个非常复杂的概念出发的研究是很难进行的.因此,人们总是寻求一个尽可能简单的理论出发点.

用这样的要求来看待我们在上节提出的凸性概念,人们有理由感到不满足.根据上节提出的“定义”,要鉴别一个图形是否是凸的,必须看它的边界上的每一个点是否是凸的.只要有一个点不是凸点,它就不是凸图形.由此出发来检验图形的凸性、研究凸图形的性质自然是十分费劲的.这样,如果有可能的话,我们应该设法来找一个更好的凸图形的定义.

我们现在来看看一个凸图形还有什么更简明的刻画方式.

由于凸图形的每一个边界点都“高于周围”,从而从总体来看,它的四周看来都应是鼓出的.因此,我们可以尝试用"四周鼓出"出发来刻画凸性.通常的汉语词典里,"凸"总是只有"高于周围"一种解释,即只认为它是边界点的一种局部几何性质.而"四周鼓出"是边界的一种整体性质.这种对"凸性"的解释虽然未能在通常的汉语词典里找到,却也是常被人作如此理解的.同时,在通常的汉语词典里,对"鼓"字的一种解释是"凸起".这里显然是就边界的整体性质而言的.因此,我们在本节的标题中写下"凸=四周鼓出"并没有标新立异.

那么"四周鼓出"将如何来精确化呢?"四周鼓出"所导致的结果为:如果对这个图形内部的两个点用直线段联结,则这个直线段不会跑到图形的外面去;否则说明有一段边界没有鼓出.如图 5 中,K 是一个"四周鼓出"的凸图形,x_1、x_2 是其中的两点,则连接它们的直线段也在 K 中.而非凸图形 K' 则没有这样的性质.

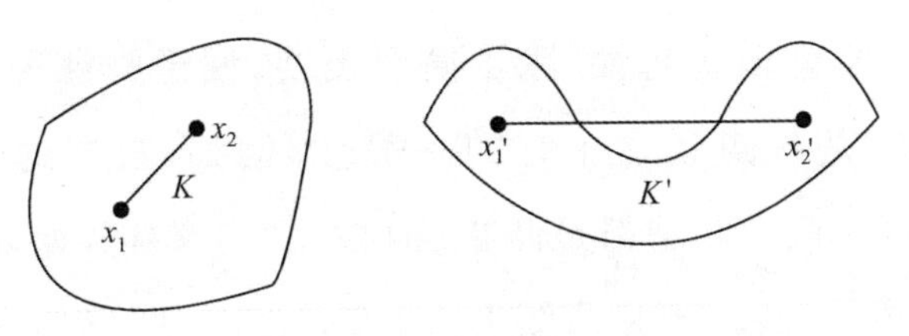

图 5　凸图形和非凸图形

由此我们可以考虑:能否用"图形中的点的连接直线段还在图形中"来作为凸图形的特征?如果可以的话,我们可以发现,这里只涉及一个概念,那就是连接两个点的直线段;而不是像上节中根据"高于周围"所提出的凸图形的"定义 1",要涉及"内部""边界""方向""高低"等一系列概念.因此,如果用它来作为"凸性"的定义将是非常简明扼要的.由于它只涉及"点""直线段"以及"是否在 K 中",由此出发的定义,可以对一般的集合来提出.具体叙述如下:

定义 2 某集合称为凸集,是指连接该集合中的任何两点的连接直线段上的点都在该集合中.

这个"定义"已经非常准确.但是作为数学定义来说,它还有不确切的地方.如该集合是在什么范围内考虑的,什么叫"直线段"等.因此,我们仍对它冠以引号,表示它还不是真正的数学定义.然而,对于直线、平面、(三维)空间来说,这个"定义"的含义是完全明确的.我们由此出发就可以判断它们的子集是否是凸集了.

把这个"定义 2"与上节的"定义 1"作比较,可以发现"定义 2"有许多优越性.除了简明扼要、便于验证等外,这个"定义"的优点还在于它的一般性.例如,根据这个"定义 2",直线段、圆、球都是凸集.而根据"定义 1",如果在平面上考虑,直线段不是凸图形,因为它没有"图形的内部".这自然不太合理.为了避免这种不合理,可以说:"直线段对于直线来说是'凸图形'";这时的"凸图形"的"定义"仍可如"定义 1"那样提出,但其中的"内部""边界"等都将对直线而言.虽然这种解决办法使得我们也能一般地说:××(集合)对于××(空间)来说是“凸图形”或“凸集”,但它显然远没有上面“定义 2”那么一般和简便.

“定义 2”把凸性的观念大为简化了.可是马上产生一个问题,“定义 2”与“定义 1”刻画的是否是同一种“凸性”.一个“定义 2”意义下的凸集,当它是一个“图形”时,它是否一定是“定义 1”意义下的凸图形? 反之,一个“定义 1”意义下的凸图形是否一定是“定义 2”意义下的凸集? 结论似乎应该是肯定的.然而,当你真试图去证明这些肯定结论时,马上会发现事情远不是像表面上看来那样简单.你会觉得事情好像是对的,但却说不太清楚.同时,你还会感到,我们上面把两个“定义”都打了引号是有道理的,因为这两个“定义”自身也有许多不清楚之处,用不清楚的“定义”来证明清楚的定理是不可能的.

事实上,这里涉及一条相当深刻的凸性基本定理,它说明:边界上每一点的“高于周围”的“局部凸性”与整个边界的“四周鼓出”的“整体凸性”是一致的.其证明相当不简单.而“凸性”的众多应用也恰好都是由此引起的.我们以后将看到,这本小册子的全部内容都是围绕着这条定理转的.因此,下面我们的主要任务将是严格地证明它.不过,为此我们首先需要把我们的数学框架和定义搞严密.这是我们在下一节中要做的事.

§1.3 记号与定义，平面 $\mathbf{R}^2$

现代数学的严格性意味着它是建立在集合论和公理化方法的基础上的. 为严格刻画凸性，我们首先要对平面（以至一般的 n 维空间）给出尽可能明确的公理化定义. 这里要引进一系列在中学数学中不常用的记号. 这些记号所涉及的数学深度其实并未超出中学数学的范围，只是换了一种面孔，可能会使人感到不习惯. 虽然我们有可能把它们完全翻译成中学课本中的记号，但是其代价是使叙述累赘，并且还可能不太严格，好在掌握这些新的记号并不困难，而熟悉了这些记号后，对今后学习现代数学大有好处.

如同解析几何中所说，直线与实数全体可看作一回事，平面可看作两个实数构成的有序对(x, y)的全体. 因此，如果记 $\mathbf{R}$ 为实数全体或直线上点的全体，那么平面就可表示为

$$\mathbf{R}^2 := \{(x, y) \mid x \in \mathbf{R}, y \in \mathbf{R}\}$$

这里

$\in$：集合论的“属于”记号. $a \in A$ 表示 a 是集合 A 的元素. $\notin$ 则表示“不属于”.

$:=$表示这是个定义等式. ①

而 $\mathbf{R}^2$ 是按下列通常的集合表示方式来表示的：

---

①“$:=$”也常有人代之为“$\triangleq$”.

集合 $A:=\{$元素 $a|$元素 a 所具有的性质$\}$.

我们以后将用大写拉丁字母 $A,B,C,\cdots,X,Y,Z$ 等表示集合,用小写拉丁字母 $a,b,c,\cdots,x,y,z$ 表示平面(或空间)上的点.这与中学课本上用大写字母表示点、小写字母表示数的习惯不太一样.在这种情况下,如果再用(x,y)来表示点的坐标就有可能引起混淆.为此,我们将把点的坐标用上标来表明.例如,

$$x=(x^1,x^2),y=(y^1,y^2)$$

等.之所以用上标而不用下标来标明点的坐标,是因为我们准备通过下标来较方便地用

$$x_1,x_2,\cdots,x_k,\cdots$$

表示一个点列.这样一来,平面 $\mathbf{R}^2$ 应该表示为

$$\mathbf{R}^2:=\{(x^1,x^2)\mid x^1\in\mathbf{R},x^2\in\mathbf{R}\}$$

而一般的 **n 维空间**则可表示为

$$\mathbf{R}^n:=\{(x^1,\cdots,x^n)\mid x^1\in\mathbf{R},\cdots,x^n\in\mathbf{R}\}$$

这样的表示方式当然也有缺点,那就是 x^2 可能被理解为 x 的平方.但由于我们规定 x 是一个点,这是不可能的.至于 x^1,x^2 等的平方,则需要较麻烦地表示为$(x^1)^2,(x^2)^2$ 等.尤其是 x 到原点的距离将表示为

$$\|x\|:=((x^1)^2+(x^2)^2)^{1/2}$$

它将被称为 x 的**范数**.

还有一个规定:以后 0 不但用来表示实数 0,也表示坐

标原点(0,0). 这样做一般不会引起混淆,但可以有很多方便.

除了用 **R** 表示实数全体外,我们还将运用下列符号:

N:自然数全体;

Z:整数全体;

Q:有理数全体.

自然数全体 **N** 似乎很直观:从 1 出发,不断加 1,就可得到它们全部,但更严格的叙述仍需一整套公理. 我们在这里不作深究,认为自然数系(全体)**N** 是一个很明确的集合. **N** 上可定义通常的加法,可是两个自然数相减不一定是自然数. 为使减法总能进行,就必须把自然数系 **N** 扩大为整数系 **Z**. 整数系 **Z** 中除加减法外又能定义通常的乘法,但两个整数相除不一定是整数. 为使除法总能进行,又必须把整数系 **Z** 扩大为有理数系 **Q**. 从有理数系 **Q** 再扩大为实数系 **R** 是通过极限运算来定义的. 定义 **R** 的办法很多. 其中用到的一条规定常被称为连续性公理,它的含义是把稀疏的有理数系"连续化". 最简便的连续性公理看来是下面这条:

连续性公理　单调有界数列有极限.

实数系 **R** 就可由有理数系 **Q** 根据这条公理扩充而成. 它与通常的中学课本上所说的"无限(十进)小数的全体"是一致的,每个无限(十进)小数无非就是一个单调有界的有限(十进)小数(有理数)数列的极限.

除了上述的连续性公理外，我们还可用其他形式的公理来定义实数.例如，我们也可采用下列公理：

列紧性公理　每个有界数列有收敛子列.

容易证明，这条列紧性公理在我们所讨论的情形与连续性公理是等价的(参见习题 1).但是作为实数的基本性质，有时列紧性公理比连续性公理要好用.

对于实数系 $\mathbf{R}$ 中的加、减、乘、除运算我们仍用常用的记号＋、－、·、/，其中乘法的“·”经常被省略.这些运算也可转移到平面 $\mathbf{R}^2$ 中去.我们定义

$$\forall x=(x^1,x^2)\in\mathbf{R}^2,\ \forall y=(y^1,y^2)\in\mathbf{R}^2,$$

$$x\pm y:=(x^1\pm y^1,x^2\pm y^2)$$

$$\forall \lambda\in\mathbf{R},\ \forall x=(x^1,x^2)\in\mathbf{R}^2,\lambda x:=(\lambda x^1,\lambda x^2)$$

这里

$\forall$：表示“对于所有的”[①].

与它相对应的记号还有

$\exists$：表示“存在”[②].

这些记号可以使我们的叙述大为简化.否则，例如上述的第一个定义就应该说成：

对于所有 $\mathbf{R}^2$ 中的元素 $x=(x^1,x^2)$ 和元素 $y=(y^1,y^2)$

---

① $\forall$ 是 A(all，所有)的颠倒.

② $\exists$ 是 E(exists，存在)的颠倒，它与 $\forall$ 在集合论中称为集合的量词.

来说,$x\pm y$ 被定义为$(x^1\pm y^1,x^2\pm y^2)$.

现在的记号与这里的含义是完全一样的,但简洁得多.这种记法在现代数学文献中已用得非常普遍.

我们可以看到,上面对平面 $\mathbf{R}^n$ 上的两个点的加减以及一个点与一个实数的相乘的定义,与中学教材中的对平面向量的定义是一样的.这样,原来 $\mathbf{R}^2$ 仅仅相当于两个实数系 $\mathbf{R}$ 的“相乘”,即所谓两个集合 $\mathbf{R}$ 的“乘积集合”.现在其上又定义了可逆的加法(减法是加法的逆运算)和数乘(与实数相乘)两种运算(它们合在一起称为**线性运算**),就使 $\mathbf{R}^2$ 有了一种**代数结构**.这种代数结构称为**向量空间**(或**线性空间**)**结构**.一般来说,如果在某个集合上定义了线性运算,即(可逆的)加法和数乘(以及它们所满足的结合律、交换律、分配律等),那么该集合就称为**向量空间或线性空间**.$\mathbf{R}^2$ 以及更一般的 $\mathbf{R}^n$ 都可看成向量空间.现代数学中不但研究这些真正起源于通常向量概念的向量空间,还研究许多有向量空间结构,但并无通常向量含义的向量空间.例如,所有多项式的全体也能看成一个向量空间,因为其上有很自然的加法和数乘.我们以下的讨论实际上大部分都对一般的向量空间成立,而对 $\mathbf{R}^2$ 作具体叙述只是为了便于理解.现代数学公理化方法的威力就在于此.一些仅对于平面 $\mathbf{R}^2$ 所讨论的结果,可以毫不费力地推广到一般的 n 维空间 $\mathbf{R}^n$,甚至一些“函数空间”.为此只需注意讨论是否只与“向量空间的公理体系”有关.

在 $\mathbf{R}^2$ 中(以及在一般的向量空间中,以下几乎都可以这样认为)定义了线性运算以后,我们还可以定义 $\mathbf{R}^2$ 中集合的线性运算如下:

$$\forall A,B\subset\mathbf{R}^2,A\pm B:=\{z\in\mathbf{R}^2\mid z=x\pm y,x\in A,y\in B\}$$

$$\forall A\subset\mathbf{R}^2,\forall\lambda\in\mathbf{R},\quad \lambda A:=\{z\in\mathbf{R}^2\mid z=\lambda x,x\in A\}$$

这里

$\subset$:表示“包含于”;$A\subset\mathbf{R}^2$ 即意味着 A 是 $\mathbf{R}^2$ 的子集.

需要注意的是我们这里定义的 $\mathbf{R}^2$ 中的集合的加减是由向量的代数运算导得的,它并非集合自身的运算.有不少数学书中把 $A+B$ 理解为 A 与 B 的并集,把 $A-B$ 理解为 A 与 B 的差集,我们当然要排除这种理解.而我们的集合运算记号定义如下:

$\cup$:并集记号,即 $A\cup B:=\{x\mid x\in A$ 或 $x\in B\}$.

$\cap$:交集记号,即 $A\cap B:=\{x\mid x\in A$ 与 $x\in B$ 同时成立$\}$.

$\backslash$:差集记号,即 $A\backslash B:=\{x\mid x\in A$ 但 $x\notin B\}$.

现在我们把上面的概念讨论小结如下:

直线或实数系 $\mathbf{R}$ 是由自然数系 $\mathbf{N}$ 出发,通过加减乘除和极限运算不断扩充而成的.最后形成的实数系 $\mathbf{R}$ 包含自然数系 $\mathbf{N}$、整数系 $\mathbf{Z}$ 和有理数系 $\mathbf{Q}$ 为子集,其上能进行加减乘除和极限运算,并且满足“单调有界数列有极限”或“每个有界数列有收敛子列的性质”.

作为集合,平面 $\mathbf{R}^2$ 是两个实数系 $\mathbf{R}$ 的乘积集合.如果再把 $\mathbf{R}$ 中的可逆的加法和数乘运算(线性运算)引进 $\mathbf{R}^2$,那么 $\mathbf{R}^2$ 就有了代数结构,这种结构称为向量空间结构或线性空间结构.

关于平面上的集合的凸性的讨论,我们暂时只需要平面 $\mathbf{R}^2$ 有向量空间结构.进一步的讨论我们还需要把 $\mathbf{R}$ 中的连续性和极限运算转移到 $\mathbf{R}^2$ 上.用术语来说,它将使 $\mathbf{R}^2$ 具有**拓扑结构**.“拓扑”是 Topology 的音译.“拓扑学”是几何学的进一步发展,它研究几何图形经“连续变换”后不变的性质.人们常以为拓扑学是很深奥难懂的数学,中学水平是无法高攀的,其实不然.拓扑学的基本概念并不神秘.本丛书中将有不止一本小册子介绍拓扑学的内容.至于这本小册子,实质上与拓扑学有关的就是拓扑结构这个名词.它意味着在有这种结构的集合中,人们可以讨论有关连续性、极限等问题.

20 世纪 30 年代起,有一群法国青年数学家以布尔巴基(N. Bourbaki)为集体假名,搞起了一场为整个数学建立公理化体系的运动.他们认为数学研究的对象基本上只有代数结构、拓扑结构和序结构这三种结构,这里序结构是指集合中元素可以比大小.例如,$\mathbf{N}$、$\mathbf{Z}$、$\mathbf{Q}$、$\mathbf{R}$ 中都有可比较大小的序结构.但是 $\mathbf{R}^2$ 中就没有通常的序结构,因为对于平面上的两个点来说，如果不作特别的规定(定义一种序结构)，无法比较大小. 布尔巴基的成员们的观点并不全面，实际上现代数学的许多研究并不局限于这三种结构. 但是他们的看法是很有价值的. 至少使人们可以把数学性质大致划分为三大类：**代数性质**、**拓扑性质**和**序性质**.

在下一节中我们将看到：凸性是一种代数性质. 因此，原则上在只有代数结构的平面(或 n 维空间以及一般的向量空间)上就可讨论. 但是我们以后还会看到，如果把凸性与平面的拓扑性质联系起来，那么可讨论的内容将丰富得多.

有一点数学结构的概念以后，当我们对客观世界中的现象进行数学抽象时，就可对问题有一个初步的判断. 拿我们在前两节中的讨论来看，以“凸＝高于周围”出发所得到的“定义 1”，在进一步数学严格化时就会相当复杂. 这是因为其中涉及的“高低”是比大小的序关系，“方向”是与向量空间有关的代数概念，而“周围”“内部”“边界”等又是与连续性有关的拓扑概念. 于是这样的凸性“定义”将是一个涉及三种数学结构的概念. 然而，以“凸＝四周鼓出”出发所得到的“定义 2”就不那么复杂，因为其中只涉及一个代数概念——“直线段”(参看下节). 可是我们以后又要证明这两种“定义”在一定意义下是一样的. 这是现代数学的又一个特点：找出不同结构性质的内在联系. 这一特点在中学数学中不太突出，因为那里很少涉及拓扑性质. 即使在解析几何中用代数方法来解几何问题，从结构上来看，它们都还是只涉及代数结构和序结构. 而在现代数学中这一特点极为明显. 在几乎每一个重要的数学结果中，或是从它的陈述中，或是从它的论证方法上，我们都可看到这一特点. 这里可以用两个在中学数学中熟知的，但实质上属现代数学领域的例子来说明这一点. 一个例子是代数基本定理——每个代数方程至少有一个复根. 这是条代数定理. 但其证明必须要用到多项式函数的连续性(拓扑性质). 另一个例子是 Euler 公式——多面体的顶点数 V、棱数 E 和面数 F(这些都是代数概念)满足：$V-E+F=2$(这是个"拓扑不变量")，就是一个代数性质与拓扑性质的内在联系.

习 题

1. 设 K 是一个以有理数系 $\mathbf{Q}$ 为子集的集合，其上有保持有理数原来大小的序关系. K 中的数列极限用通常的 ε-N 定义，但可限制 ε 只取有理数. 证明：在 K 上连续性公理和列紧性公理是等价的，即它们互为对方的充要条件.

2. 设 $A,B,C\subset\mathbf{R}^2$，$\lambda\in\mathbf{R}$. 证明：

(a) $A+(B+C)=(A+B)+C$.

(b) $\lambda(A+B)=\lambda A+\lambda B$.

3. 设 $A\subset\mathbf{R}^2$，试问：

(a) $A+A=2A$ 是否总成立?

(b) 是否有可能 $A+A=A$,但 A 不是全平面 $\mathbf{R}^2$,也不是过原点的直线?

(c) 是否有可能 $A+A=A-A$? 能指出该等式成立的充要条件吗?

§1.4 线段、射线和直线,凸集和锥

在解析几何中,我们知道平面上两点连接线段的中点的坐标恰好为两点坐标和的一半. 用我们现在的符号表示,设 $x_0=(x_0^1,x_0^2)\in\mathbf{R}^2$,$x_1=(x_1^1,x_1^2)\in\mathbf{R}^2$ 为平面上的两点,则它们的中点$\overline{x}$就应该是

$$\overline{x}=\left(\frac{x_0^1+x_1^1}{2},\frac{x_0^2+x_1^2}{2}\right)=\frac{x_0+x_1}{2}$$

在一般情形,对于任意的 $\lambda\in[0,1]:=\{\lambda\in\mathbf{R}\mid 0\leqslant\lambda\leqslant 1\}$,$x_\lambda:=(1-\lambda)x_0+\lambda x_1$ 就对应连接 x_0 和 x_1 的(直)线段中的一点. 尤其是当 $\lambda=0$ 时 x_λ 对应 x_0,而当 $\lambda=1$ 时 x_λ 对应 x_1.

定义 3 设 $x_0,x_1\in\mathbf{R}^2$ 为任意两点. 那么

$$[x_0,x_1]:=\{x_\lambda\in\mathbf{R}^2\mid x_\lambda=(1-\lambda)x_0+\lambda x_1,\lambda\in[0,1]\}$$

称为连接 x_0,x_1 的**闭线段**.

$$(x_0,x_1):=\{x_\lambda\in\mathbf{R}^2\mid x_\lambda=(1-\lambda)x_0+\lambda x_1,\lambda\in(0,1)\}$$

称为连接 x_0,x_1 的**开线段**,这里$(0,1):=\{\lambda\mid 0<\lambda<1\}$.

$$(x_0,x_1]:=\{x_\lambda\in\mathbf{R}^2\mid x_\lambda=(1-\lambda)x_0+\lambda x_1,\lambda\in(0,1]\}$$

称为连接 x_0,x_1 的**左开右闭线段**,这里$(0,1]:=\{\lambda\mid 0<$

$\lambda \leqslant 1\}$.

$$[x_0, x_1) := \{x_\lambda \in \mathbf{R}^2 \mid x_\lambda = (1-\lambda)x_0 + \lambda x_1, \lambda \in [0,1)\}$$

称为连接 x_0, x_1 的**左闭右开线段**，这里$[0,1) := \{\lambda \mid 0 \leqslant \lambda < 1\}$.

显然，由定义立即可得

$$[x_0, x_1] = [x_1, x_0], (x_0, x_1] = [x_1, x_0)$$

如果我们允许 λ 的变化范围超出$[0,1]$，那么 x_λ 将走出闭线段$[x_0, x_1]$，但还将在连接 x_0 和 x_1 的直线上. 于是我们又可有下列定义：

定义 4 设 $x_0, x_1 \in \mathbf{R}^2$ 为任意两点. 那么

$$\overrightarrow{x_0 x_1} := \{x_\lambda \in \mathbf{R}^2 \mid x_\lambda = (1-\lambda)x_0 + \lambda x_1, \lambda \in (0, +\infty)\}$$

称为从 x_0 出发连接 x_1 的**射线**，这里$(0, +\infty) := \{\lambda \mid \lambda > 0\}$.

$$\overline{x_0 x_1} := \{x_\lambda \in \mathbf{R}^2 \mid x_\lambda = (1-\lambda)x_0 + \lambda x_1, \lambda \in \mathbf{R}\}$$

称为连接 x_0 和 x_1 的**直线**.

上述这些概念都只用到 $\mathbf{R}^2$ 中的线性运算，因此，这些概念都是代数概念.

有了线段的概念以后，我们就可把前面的凸集的“定义 2”严格化如下：

定义 5 $A \subset \mathbf{R}^2$ 称为**凸集**，是指

$$\forall x_1, x_2 \in A, \forall \lambda \in [0,1], (1-\lambda)x_1 + \lambda x_2 \in A$$

或

$$\forall x_1, x_2 \in A, [x_1, x_2] \subset A$$

凸集是从线段出发所形成的集合. 为了以后的应用,我们还要定义一类射线形成的集合.

定义 6　$C_{x_0} \subset \mathbf{R}^2$ 称为以 $x_0 \in \mathbf{R}^2$ **为顶点的锥**,是指

$$\forall x \in C_{x_0}, \forall \lambda > 0, (1-\lambda)x_0 + \lambda x \in C_{x_0}$$

或

$$\forall x \in C_{x_0}, \overrightarrow{x_0 x} \subset C_{x_0}$$

特别是,当 $x_0 = 0$ 时,$C_0 = C_{x_0}$ 就简称为**锥**.

命题 1

1. 如果 $K_i \in \mathbf{R}^2, i \in I$ 都是凸集(锥),那么 $\bigcap_{i \in I} K_i$ 也是凸集(锥).

2. 如果 $\lambda_i \in \mathbf{R}, K_i \in \mathbf{R}^2$ 是凸集(锥),$i = 1, 2, \cdots, k$,那么

$$\sum_{i=1}^{k} \lambda_i K_i = \lambda_1 K_1 + \lambda_2 K_2 + \cdots + \lambda_k K_k$$

也是凸集(锥).

证明留给读者作为练习.

定义 7　又是凸集又是锥的集合称为**凸锥**. 不包含直线的凸锥称为**尖凸锥**. 如果一个尖凸锥不能扩大为一个更大的尖凸锥,那么它就称为**极大尖凸锥**.

在平面情形,凸锥 C 无非是一个角状区域(图 6),但不要求这个角状区域的两边与顶点一定在 C 中,尖凸锥就是夹角不大于 π 的角状区域. 而极大尖凸锥显然是半个平面,

并且其边界只有包含顶点的半条直线. 此外,不是全平面和半平面的凸锥一定是尖凸锥.

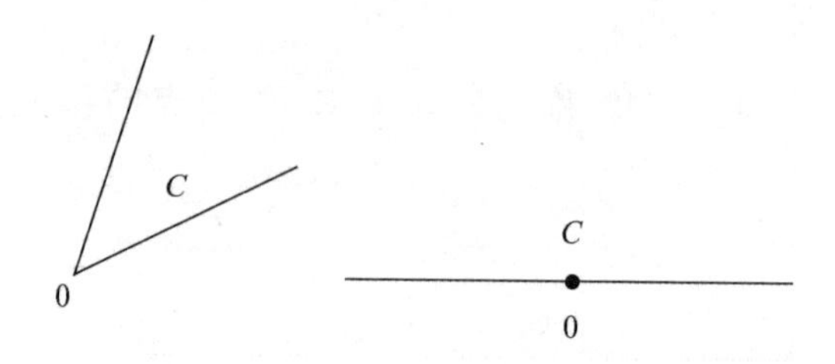

图 6　凸锥与极大尖凸锥

这些结论看来十分直观,但是如果严格按照公理化方法的要求,要证明它们还是要费一番功夫的. 我们简述证明过程如下:

1. 在平面上给出一个以原点为中心的单位圆,这是一个用单位圆方程来定义的集合:

$$D:=\{(x^1,x^2)\in\mathbf{R}^2\mid(x^1)^2+(x^2)^2=1\}$$

由于这里只涉及一个代数关系,这样的定义是合理的.

2. 通过 D 与 $[0,2\pi)$ 的对应关系 $(x^1,x^2)(=(\cos\theta,\sin\theta))\mapsto\theta$ 来定义角度. 这个对应其实相当复杂,因为我们在这里不能利用"弧长"的概念. 实际上需要用非几何的方法来定义三角函数和反三角函数后才能做到这点.

3. 设凸锥为 C. 则 $C\cap D$ 所对应的角度 θ 集是一个 $\mathbf{R}$ 中的有界集. 利用"单调有界数列有极限"可以证明这个集合有上确界(最小上界)和下确界(最大下界).

4. 如果 $C \neq \mathbf{R}^2$，则可以指出由上确界与下确界所对应的两个方向的射线把平面分成两部分，其中“夹角”不大于 π 的一部分就是尖凸锥 C 的“内部”.

5. 最后还要考虑两条射线与 C 的关系. 它们可能是 C 的一部分，也可能不是. 但是在极大尖凸锥情形，一定有且仅有一条射线在 C 中，并且所对应的“夹角”一定是 π.

可以看出，要把这里的过程详细写出来是相当麻烦的，但是这并不意味着我们在平面几何中所学的知识都不能用了. 事实上，这些知识早就被证明都可以严格公理化，我们完全可以放心地继续利用. 这里只是提请读者注意，平面几何中许多人们习以为常的概念和结果真要严格公理化不一定很简单. 角度的概念就是一个例子. 也正因为它的定义实际上非常复杂，就很难推广到一般情形. 事实上，也没有一个适用于三维以上空间的角度概念，①我们已经看到平面上的尖凸锥与夹角不大于 π 的角状区域基本上是一回事. 但在一般情形，前一概念很容易推广，后者则很难推广. 这也给我们一个启示：一个数学概念在“公理结构”上越简单，它的适用范围就越大.

命题 2　任何尖凸锥都有包含它的极大尖凸锥.

---

①一般的空间中可以定义“立体角”，但那还是在两个向量所形成的平面上来考虑角度的.

在平面上，这基本上等于说：任何角状区域都有包含它的半平面. 如果我们充分利用平面几何知识，这几乎不需要证明. 但是在一般情形，这却是个意味深长的命题. 它的进一步抽象我们甚至只能把它当作一条公理或公理的等价物. ①一种数学理论所需要的公理数目反映了它的复杂性. 我们自然希望理论所需要的公理越少越好. 尤其是希望不要有令人费解的公理. 凸性理论总体来说是很简单的，但它却避免不了如命题 2 那样的要涉及并不很好懂的公理. 进一步研究甚至可以指出，凸性的基本定理几乎与注①中所提到的公理是等价的！要完全搞清楚这里的关系超出了本书的范围. 我们采取了一个折中办法，那就是要求承认命题 2. 这一命题在平面情形几乎是显然的，从而我们的论述在平面情形可以认为是完全严格的，但一般情形并非如此. 数学工作最重要的特点之一就是一切都要刨根究底. 我们提出这点是为了不把一个陷阱拿来冒充根底，否则会把想进一步学习的读者引入歧途.

最后，为了证明我们的凸性基本定理，我们还需要一些定义.

定义 8　对于集合 $A\subset\mathbf{R}^2$，包含 A 的最小凸集称为 A 的**凸包**，记作 $\operatorname{co} A$. 包含 A 的最小锥称为**由 A 生成的锥**，记

---

①这里指所谓 Zorn 引理，它是选择公理的等价物.

作 $C(A)$.

一个凸集的凸包就是它自己.一个非凸集 A 的凸包则是这样产生的:把 A 中的点都用线段连接起来,形成一个新集合;如果它还不是凸集,继续再对这个新集合进行同样的过程,又形成一个新集合;如果它仍然不是凸集,再继续上述过程,如此等等,最后形成的集合就是 A 的凸包.例如,平面上三个点的凸包是这样形成的:先把三个点两两用线段连接.如果这三点共线,那么它们的凸包就是一个闭线段;如果三点不共线,我们得到一个三角形的三条边;然后再把三条边上的点两两用线段连接起来;最后得到的凸包就是整个包括内部的三角形.

我们现在来考虑这个三角形中的点的表示.设这三个点为 $x_1, x_2, x_3 \in \mathbf{R}^2$.则三条边上的点由定义可表示为

$$x_{\lambda_1}=(1-\lambda_1)x_1+\lambda_1 x_2$$

$$x_{\lambda_2}=(1-\lambda_2)x_2+\lambda_2 x_3$$

$$x_{\lambda_3}=(1-\lambda_3)x_3+\lambda_3 x_1$$

其中 $\lambda_i \in [0,1], i=1,2,3$.而三角形内部的点是由上述形式的两个点来表示的.例如,

$$x=(1-\lambda)x_{\lambda_1}+\lambda x_{\lambda_2}$$

把 x_{λ_1} 和 x_{λ_2} 的表示式代入,我们得到

$$x=\bar{\lambda}_1 x_1+\bar{\lambda}_2 x_2+\bar{\lambda}_3 x_3 \tag{1}$$

其中

$$\bar{\lambda}_1=(1-\lambda)(1-\lambda_1),\bar{\lambda}_2=(1-\lambda)\lambda_1+\lambda(1-\lambda_2),\bar{\lambda}_3=\lambda\lambda_2$$

它们满足

$$\bar{\lambda}_i>0,i=1,2,3;\bar{\lambda}_1+\bar{\lambda}_2+\bar{\lambda}_3=1 \tag{2}$$

不难验证，三角形中的任何一点都可以用式(1)、式(2)来表示.它们就是三个点的凸包中的点的一般表示式.

在构造集合的凸包时可能包含两个无限过程.一是把点两两连接时，由于点可能有无限多个，需要连无限多次；二是可能每一两两相连过程完成后总形不成凸集，需要把这种过程进行无限多次.虽然如此，我们仍认为凸包作为一个集合是完全确定的.就如三角形作为三个点的凸包是完全确定的，尽管其中在把三条边上的点两两相连时也连了无限多次.然而，如果要深究起来，这还真是个问题：为什么人们能做无限次动作？20世纪初，数学家曾为此进行了一场大辩论.结果是大多数数学家认为这样做是合法的，否则许多已被实践证明有用的数学都要从头来起.少数数学家则认为这样做不合法，甘愿研究一种更难的数学.这种数学称为直觉主义数学或构造主义数学，它不承认能完成无限次的运算.这类研究对数学本身的发展似乎推动不大，但有个意外收获，那就是对计算机很有用，因为至少是目前的计算机确实不会做无限次运算.

至于由一个集合生成的锥则较简单，只需把集合中的每一个点与把原点相连为以原点为顶点的射线即可.

把上述讨论逐次类推和进一步形式化，我们就能得到：

命题 3 设 $A\subset\mathbf{R}^2$. 则

$$\operatorname{co}A=\{x\in\mathbf{R}^2\mid\exists\lambda_i>0,\exists x_i\in A,i=1,2,\cdots,k,$$

$$k\in\mathbf{N},x=\sum_{i=1}^{k}\lambda_i x_i,\sum_{i=1}^{k}\lambda_i=1\}$$

$$C(A)=\bigcup_{\lambda>0}\lambda A$$

命题证明的完整叙述留给读者作为练习. 不过这一命题的前半部分是可以改进的. 实际上，在平面情形，可以证明，上述的第二个无限过程一定不会有. 就如三个点的凸包只要搞两次两两连接的过程就可形成，一般情形也一样(参见习题 4).

习 题

1. 证明命题 1.

2. 设 $C\subset\mathbf{R}^2$ 为锥. 证明：C 是凸锥的充要条件为 $C+C=C$.

3. 证明：$C\in\mathbf{R}^2$ 是极大尖凸锥的充要条件为 $C'=(\mathbf{R}^2\backslash C)\cup\{0\}$ 也是极大尖凸锥.

4. (Carathéodory 定理)设 $A\in\mathbf{R}^2$. 证明：

$$\operatorname{co}A=\{x\in\mathbf{R}^2\mid\exists x_i\in A,\exists\lambda_i\geqslant 0,i=1,2,3;$$

$$\sum_{i=1}^{3}\lambda_i=1,x=\sum_{i=1}^{3}\lambda_i x_i\}$$

5. 设 $K\subset\mathbf{R}^2$ 为凸集. 证明：$C(K)$ 是凸锥.

§1.5　凸集承托定理

在这节中，我们将指出一个接近于“高于周围＝四周鼓出”的结果. 我们先证明：对于凸集外的任何点，存在某个方向，使得整个凸集中的点对该方向而言都不高于该点. 它与我们希望证明的还有不小的距离：这里是“整个凸集中的点”，而不是“该点周围的凸集中的点”；更没有提出“边界”“内部”等概念来使结果更确切；等等.

所谓“整个凸集中的点对该方向而言都不高于该点”也可说成：过该点可以作一条（水准）直线，使得凸集中的点都在该直线以下（或一侧）. 因此，上述结果即下列命题：

命题 4　设 $K\subset\mathbf{R}^2$ 为凸集，$x\notin K$. 那么存在过 x 的直线 H，使得 K 在 H 的一侧.

证明　不妨设 $x=0$. 否则可作坐标平移. 然后作由 K 生成的锥 $C(K)=\bigcup_{\lambda>0}\lambda K$. 这个锥一定是凸锥（§1.4 习题 5）. 由于 $0\notin K$，故 $0\notin C(K)$，从而 $C(K)$ 不可能包含直线，即 $C(K)$ 是尖凸锥. 由命题 2，它可以扩大为极大尖凸锥 C_M. C_M 的“边界”是一条直线. 这条直线就有所求性质（图 7）.

这一命题已有点接近于“定义 1”中的表达，但是由于目前我们没有“边界”“内部”等概念，它们还不能作比较. 我们说过，“边界”“内部”等是拓扑概念，为定义这些概念必须对空间引入拓扑结构. 但是为了不使空间结构复杂化，我们

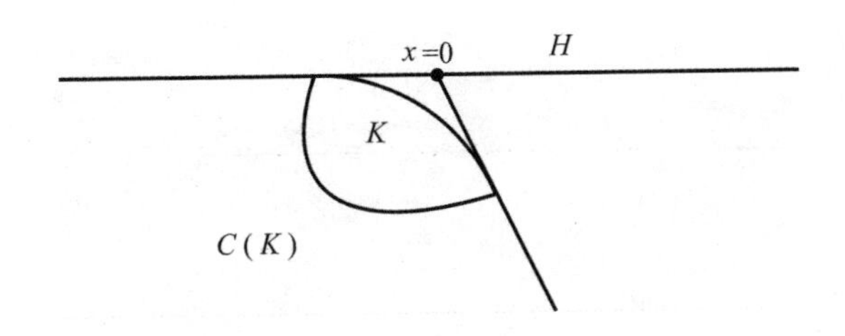

图 7 凸集外的点高于整个凸集

也可在代数结构下讨论类似概念. 为表明这些类似概念并非真正的拓扑概念,我们都冠以“代数”二字.

定义 9 设 $a\in A\subset\mathbf{R}^2$. 如果

$$\forall h\in\mathbf{R}^2,\exists\varepsilon_h>0,[a,a+\varepsilon_h h]\subset A \tag{3}$$

那么 a 称为 A 的**代数内点**. A 的代数内点全体称为 A 的**代数内部**. 记作 A^i. 如果 $A=A^i$,那么 A 称为**代数开集**.

代数内点的定义的意义是很清楚的:从该点出发,向各个方向直线前进,都可能走一段而不走出集合. 由于这里只涉及线段,因此它只是一个代数概念. 它与我们以后再严格定义的“拓扑内点”不是一回事. 例如,设 $A\subset\mathbf{R}^2$ 为两个相切的圆及其公切线所构成的集合(图 8). 那么该集合中的公切点 a 是个代数内点. 但这是个奇怪的代数内点,因为它不是我们以后要定义的拓扑内点.

与代数内点、代数内部相对应的是代数接触点、代数边界点和代数闭包的概念.

定义 10 设 $b\in\mathbf{R}^2,A\subset\mathbf{R}^2$. 如果

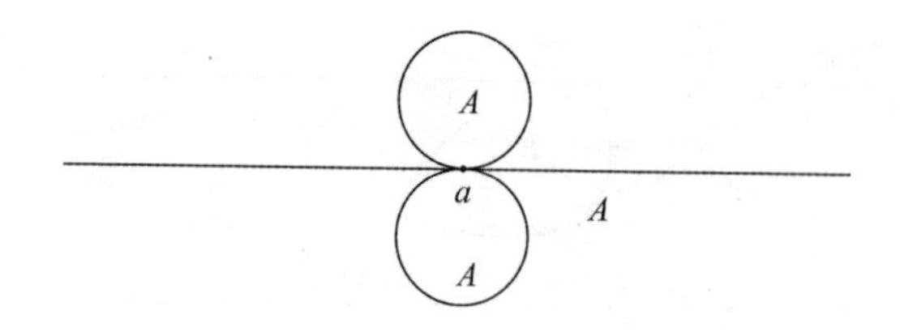

图 8　奇怪的代数内点

$$\exists h\in \mathbf{R}^2, \forall \varepsilon>0, [b, b+\varepsilon h]\cap A\neq\varnothing \text{①} \tag{4}$$

那么 b 称为 A 的**代数接触点**. A 的代数接触点全体称为 A 的**代数闭包**. 记作 A^c. 如果 $A=A^c$,那么 A 称为**代数闭集**. 不是代数内点的代数接触点称为**代数边界点**.

代数接触点的意义也是很清楚的:从该点出发,沿着某方向直线前进,不管走多小的一段,总能遇到该集合的点. 这也是个代数概念. 它与"拓扑接触点"也不是一回事. 例如,设 A 是去掉了一点的圆周. 那么被去掉的点并不是 A 的代数接触点,因为由它出发沿任何方向直线前进,都有可能走一小段而遇不到 A 中的点.

如果 A 是凸集,并且 $b\notin A$,那么由 $b\in A^c$ 显然可导出

$$\exists h\in \mathbf{R}^2, \exists \varepsilon>0, (b, b+\varepsilon h]\subset A$$

这是因为 b 沿 h 方向前进时所遇到的 A 的点都是可以连成一片的,并且可任意靠近 b. 令 $c=b+\varepsilon h\in A$. 上式也可记作

① $\varnothing$是空集记号.

$$\exists c \in A, (b,c] \subset A \tag{5}$$

命题 5　如果 $A \subset \mathbf{R}^2$ 是凸集，那么 A^i 和 A^c 都是凸集.

证明　不妨假设 $A^i \neq \varnothing$. 否则 A 是线段，命题易证. 从而可设 $a_1, a_2 \in A^i$, $x_\lambda = (1-\lambda)a_1 + \lambda a_2 \in (a_1, a_2)$, $\lambda \in (0,1)$. 我们证明 $x_\lambda \in A^i$. 即

$$\forall h \in \mathbf{R}^2, \exists \varepsilon_h > 0, [x_\lambda, x_\lambda + \varepsilon_h h] \subset A \tag{6}$$

事实上，

$$\forall h \in \mathbf{R}^2, \exists \varepsilon_{1h}, \varepsilon_{2h} > 0, [a_1, a_1 + \varepsilon_{1h}], [a_2, a_2 + \varepsilon_{2h}] \subset A$$

令 $\varepsilon_h = \min\{\varepsilon_{1h}, \varepsilon_{2h}\}$. ①则不难验证，

$$\begin{aligned}
&[x_\lambda, x_\lambda + \varepsilon_h h] \\
&\subset (1-\lambda)[a_1, a_1 + \varepsilon_h h] + \lambda[a_2, a_2 + \varepsilon_h h] \\
&\subset (1-\lambda)[a_1, a_1 + \varepsilon_{1h} h] + \lambda[a_2, a_2 + \varepsilon_{2h} h] \\
&\subset (1-\lambda)A + \lambda A = A
\end{aligned}$$

因此，式(6)成立(图 9).

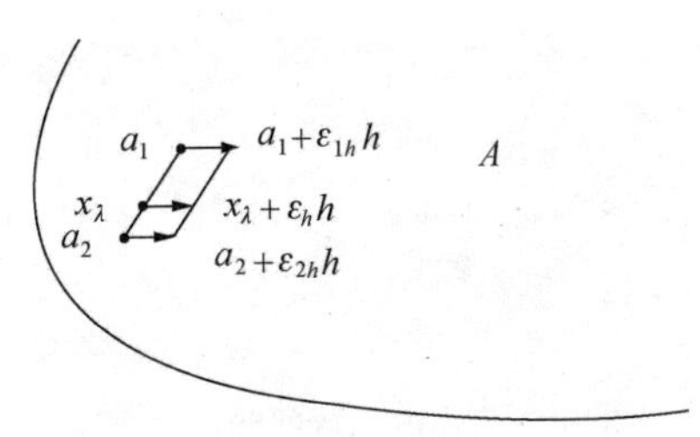

图 9　凸集的代数内部是凸集

①min 表示取最小值.

又设 $b_1,b_2\in A^c$. $y_\lambda=(1-\lambda)b_1+\lambda b_2,\lambda\in(0,1)$. 我们指出，$y_\lambda\in A^c$. 如果 b_1 和 b_2 都是 A 的点，则立即可得 $y_h\in A\subset A^c$. 我们不妨假设 $b_1,b_2\in A^c\setminus A$. 如果它们中之一在 A 中，只需略为改动以下的证明. 这时由式(5)，我们有

$$\exists c_1,c_2\in A,(b_1,c_1],(b_2,c_2]\subset A \tag{7}$$

我们指出，

$$\exists y'\in A,(y_\lambda,y']\subset A$$

作以 b_1、b_2、c_1、c_2 为顶点的四边形. ①则在这个四边形中，我们有

$$(b_1,c_1],(b_2,c_2],[c_1,c_2]\subset A$$

由此不难推出，除了$[b_1,c_2)$、$[b_2,c_1)$、$[b_1,b_2]$外，整个四边形中的点都在 A 中. 尤其是四边形的内部在 A 中. 这样对于四边形一边中的点 y，显然可以找到满足式(7)的 y'(图 10). □

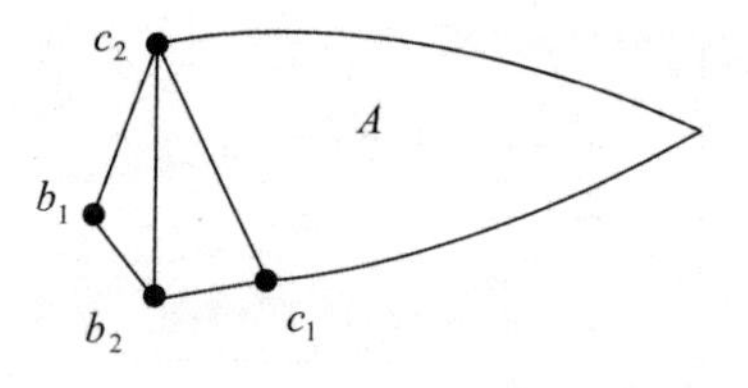

图 10 凸集的代数闭包是凸集

①它有可能退化为三边形，即其中的一点在其他三点组成的三角形的内部；还可能退化为线段，即四个点共线. 但这并不影响以下的证明，当 $b_1\in A$ 时，我们可以认为 $b_1=c_1$，这时它们也形成一个三角形.

一个凸集的代数内部可能是空的(例如一个线段). 如果它非空,下列命题给出了它的结构,即它由一系列半闭半开线段所构成.

命题 6　设 $A\in\mathbf{R}^2$ 为凸集. $a\in A^i$, $x\in A^c$. 那么 $[a,x)\in A^i$. 特别是,

$$A^i=\bigcup_{x\in A^i}[a,x)=\bigcup_{x\in A}[a,x)=\bigcup_{x\in A^c}[a,x).$$

证明　我们先对 $x\in A$ 的情形来证明. 设

$$x_\lambda=(1-\lambda)x+\lambda a\in[a,x),\lambda\in(0,1] \tag{8}$$

我们首先要证明,

$$\forall h\in\mathbf{R}^2,\exists\varepsilon_{\lambda h}>0,[x_\lambda,x_\lambda+\varepsilon_{\lambda h}h]\subset A \tag{9}$$

但是由 $a\in A^i$,可得

$$\forall h\in\mathbf{R}^2,\exists\varepsilon_h>0,[a,a+\varepsilon_h h]\subset A \tag{10}$$

同时,由 A 是凸集和 $x\in A$,可得

$$\forall h\in\mathbf{R}^2,(1-\lambda)x+\lambda[a,a+\varepsilon_h h]\subset A^{①} \tag{11}$$

比较式(8)、式(10)和式(11),我们取 $\varepsilon_{\lambda h}=\lambda_{\varepsilon_h}$ 即可使式(9)成立[图 11(a)].

如果仅假设 $x\in A^c$,那么由 A 是凸集和式(5),存在 $c\in A$使得$[c,x)\subset A$. 连接 c 和 a,并适当延长至 $b\in A^i$[图 11(b)]. 由 $a\in A^i$ 和上面所证,这是做得到的,并且再

①此式中 x 理解为一个单点集合,更确切的记法应把它代替为$\{x\}$,但以后我们总把$\{\quad\}$省略.

由上所证,可知$(c,b]\subset A^i$. 现在考虑由 x、c 和 b 所组成的三角形,则$[a,x)$上的每一个点都在 b 与$[c,x)$的连线内部. 再由上面所证,即得$[a,x)\subset A^i$.

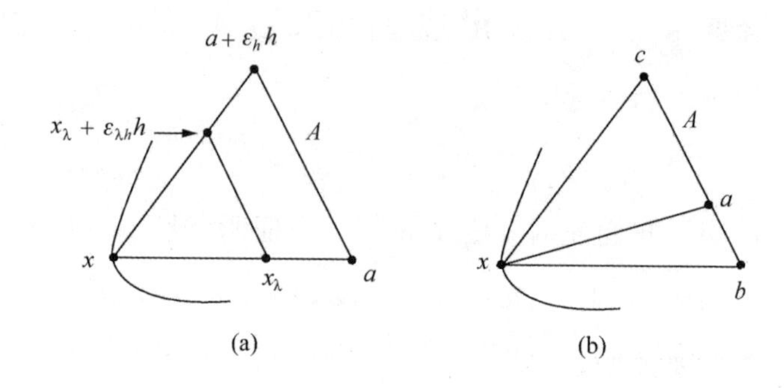

图 11　凸集的代数内点的特征

命题后半段容易证明,留给读者作为练习. □

推论 如果 $A\subset \mathbf{R}^2$ 是凸集,那么 $A^i=(A^i)^i=(A^c)^i$. 特别是,A^i 是代数开集.

现在我们有了"内部""边界"等概念. 我们再来进一步明确"图形"的概念. 向量空间中的一般图形不太好定义,因为合理的定义应该表明图形的内部是连通的,可是"连通"又是一个拓扑概念. 但凸图形的定义可以没有拓扑概念.

定义 11 代数内部非空的代数闭凸集称为**凸图形**.

这个凸图形的定义与我们通常理解的是一致的. 特别地,三角形、凸多边形、圆等我们在 §1.1 中提到的凸图形都是符合这一定义的. 同时,要求代数内部非空是为了不把直线、线段等看作平面凸图形. 不过它们可以看作"直线上的凸图形”. 我们下面要证明本节的主要结果：一个代数内部非空的有界代数闭集是凸图形的充要条件为它的代数边界点都是“整体凸点”，这里所说的“整体凸点”是指对某方向而言，它不低于图形中所有(而不仅是其周围)的点.

定理 1 设 $A\subset\mathbf{R}^2$，$A^i\neq\varnothing$，$A=A^c$. 那么 A 是凸图形的充要条件为对于 A 的每一个代数边界点 d，存在过 d 的直线 H_d，使得 A 在 H_d 的一侧.

证明 如果 A 是凸集，那么由命题 5，A^i 也是凸集. 由假设，它是非空的. 而由定义，A 的代数边界点 $d\notin A^i$. 故再由命题 4，存在过 d 的直线 H_d，使得 A^i 在其一侧. 再由命题 6 可看出，A 也在直线 H_d 的一侧.

反之，如果 A 满足定理条件，而不是凸集，那么存在 x、$y\in A$，$z\in(x,y)$，但 $z\notin A$，设 $a\in A^i$. 这时必定存在 $d\in(a,z)$是 A 的边界点. ①因此，存在过 d 的直线 H_d，使得 A 在 H_d 的一侧. 但是这是不可能的：因为 d 在由 x、y、a 为顶点的三角形(可能三点共线)的内部，任何过 d 的直线，当三点不共线时，都不能使这三点在其一侧；而当三点共线时，唯一使这三点在一侧的直线是这三点的连线，但由 $a\in A^i$，该直线的两侧都有 A 的点(图 12). 这就导致矛盾. 因此 A 是凸集. □

---

①读者应注意到，这里用到了实数的连续性公理.

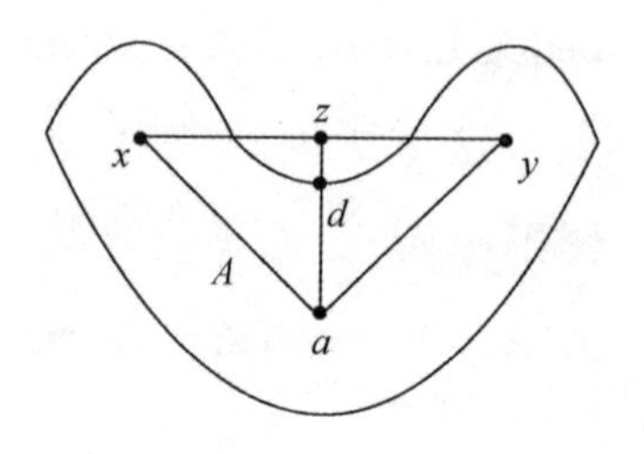

图 12　非凸图形的边界上不能处处是“整体凸点”

定理 1 已相当接近于我们在 §1.2 中所希望证明的结果. 所不同的是我们用“整体凸点”代替了我们前面所说的“局部凸点”. 我们现在还不能讨论“局部凸点”,因为我们还没有对“局部”“周围”给出定义. 它们都是拓扑概念,必须要有了拓扑结构后才能使它们有意义.

边界点的如上所说的“整体凸性”,通常称为**承托性**. 这就是说,整个集合都被通过该点的直线所“承托”住了(这是从“凸方向”的反方向来看). 这条直线也称为集合的**承托直线**.

在定理 1 中利用“承托直线”这一名词,那么它可以表达为

定理 1′(凸集承托定理)　设 $A\in\mathbf{R}^2$, $A^i\neq\varnothing$, $A^c=A$. 那么 A 是凸集的充要条件为过 A 的每一代数边界点有 A 的承托直线.

这条定理可以认为是凸性理论中最根本的一条定理.

以后我们还将提出它的一些其他表达形式以及它的等价定理. 这里“代数内部非空($A^i\neq\varnothing$)”的要求不能少;否则定理的一个方面就不成立. 例如,对于空心的圆周来说(它满足 $A^c=A$),它的每一个代数边界点(按定义 10,它的每一个点都是代数边界点)都有“承托性”. 但它并不是凸集.

另一方面,我们还要注意到,上述定理还可以理解为:每个凸图形都是由它的承托直线围成的. 用直线围成的图形可以看作一系列半平面的交集,因而它一定是凸集. 定理 1′指出,由于凸图形的每一个代数边界点上都有承托直线,故它一定是由这些承托直线所围成的. 但是,在定理 1′的表达中还有点欠缺,因为它没有明确指出,这个凸图形恰好就是承托直线围成的集合. 以后我们将给出更确切的表达形式.

习 题

1. 设 $A\subset\mathbf{R}^2$. 指出,它是代数开集的充要条件为它的余集 $\mathbf{R}^2\backslash A$ 是代数闭集.

2. 设 $A\in\mathbf{R}^2$ 为凸集,$A^i\neq\varnothing$. 证明 $A^c=(A^i)^c$.

3. 试用反例指出,当 $A\in\mathbf{R}^2$ 不是凸集时,$A^i=(A^i)^i$,$A^i=(A^c)^i$ 以及 $A^c=(A^i)^c$ 一般不成立.

§1.6　$\mathbf{R}^2$ 的拓扑结构

前面我们已在只有代数向量空间结构的 $\mathbf{R}^2$ 中讨论了凸性理论的基本定理——凸集承托定理. 现在我们要在 $\mathbf{R}^2$ 中加进拓扑结构,使凸性的讨论更加丰富.

定义 12　集合

$$B(x,r):=\{y\in\mathbf{R}^2 \mid \|x-y\|<r\} \tag{12}$$

称为以 x 为中心、以 r 为半径的圆. 如果对于 $x\in A\subset\mathbf{R}^2$,

$$\exists r>0, B(x,r)\subset A \tag{13}$$

那么 x 称为 A 的(**拓扑**)**内点**. A 的内点全体称为 A 的(**拓扑**)**内部**,记作 $\operatorname{int} A$. 如果 $A=\operatorname{int} A$,那么 A 称为(**拓扑**)**开集**.

这里所说的圆与解析几何中的圆没有什么不同. 内点的含义也很直观. 容易看到,(拓扑)内点一定是代数内点. 因此,任何(拓扑)开集一定是代数开集. 但是反之不然. 我们已在上节中举过这样的例子.

整个 $\mathbf{R}^2$ 自然是开集. 由定义出发,我们很难说空集也是开集. 但是,作为规定,空集被认为是开集. 这样的规定至少与开集的定义是没有矛盾的.

与内点、内部相对应的是接触点、边界点和闭包的概念.

定义 13　设 $b\in\mathbf{R}^2, A\subset\mathbf{R}^2$. 如果

$$\forall\varepsilon>0, B(b,\varepsilon)\cap A\neq\varnothing \tag{14}$$

那么 b 称为 A 的(**拓扑**)**接触点**. A 的接触点的全体称为 A 的(**拓扑**)**闭包**. 记作 $\mathrm{cl}\,A$. 如果 $A=\mathrm{cl}\,A$,那么 A 称为(**拓扑**)**闭集**. 不是内点的接触点称为**边界点**.

接触点的意义也是很清楚的. 这是说,在它的"任意小的周围",总有该集合的点. 任何代数接触点一定是(拓扑)接触点. 因此,(拓扑)闭集一定是代数闭集. 反之亦不然. 我们在前面也已举出了这种例子.

整个 $\mathbf{R}^2$ 自然是闭集. 我们同样规定:空集是闭集. 它与闭集的定义也没有矛盾.

命题 7　开集的余集是闭集. 闭集的余集是开集.

为证明这一命题只需注意到:当 A 是 $\mathbf{R}^2$ 的非空真子集时,A 与它的余集 $CA:=\mathbf{R}^2\backslash A$ 有同样的边界. 而一个集合为开集的充要条件是它不包含它的边界点;一个集合为闭集的充要条件是它包含它的所有边界点. 但是当 A 为全空间 $\mathbf{R}^2$ 或 $\varnothing$ 时,上述说法就有点勉强. 正是为了总有上述命题成立我们才对 $\mathbf{R}^2$ 和 $\varnothing$ 作出它们都既是开集和闭集的规定.

命题 8(开集公理)

1. 全空间 $\mathbf{R}^2$ 和空集 $\varnothing$ 是开集.
2. 任意多个开集的并集是开集.
3. 有限多个开集的交集是开集.

命题 9（**闭集公理**）

1. 全空间 $\mathbf{R}^2$ 和空集 $\varnothing$ 是闭集.

2. 任意多个闭集的交集是闭集.

3. 有限多个闭集的并集是闭集.

这两个命题的证明是很容易的. 它们的第 1 条中有关空集的部分实际上只是硬性规定. 我们注意到，在这两个命题中都冠以“公理”二字. 这是因为开集和闭集都可以脱离它们的原来的定义，而用这些“公理”来定义.

定义 14 设 X 为不管由什么元素组成的任意集合. 如果它的一部分子集被称为是 X 的开(闭)集，并且它们满足开(闭)集公理，那么就说在 X 上定义了**拓扑结构**. 有拓扑结构的集合称为**拓扑空间**.

这里为定义拓扑空间只需利用开集公理与闭集公理的二者之一. 如果先定义开集，那么闭集就可用开集的余集来定义. 反之也一样.

有了拓扑空间的概念后，我们可以说，拓扑学就是研究拓扑空间的学问. 对于初学者来说，用开集公理或闭集公理来定义拓扑空间会感到很费解. 不是说拓扑学是研究“连续性”的吗？“连续性”体现在哪里呢？其实较合理的拓扑空间概念应该是从“周围”“邻近”的概念出发，它们自然是刻画了“连续性”. 但是“周围”“邻近”或者它们惯用的数学名词——邻域是可以用开集来定义的.

定义 15 设 X 为拓扑空间. $A\subset X$, $x\in X$. 如果存在包含 x 的 A 的开子集,那么 x 就称为 A 的**内点**,而 A 就称为 x 的**邻域**.

命题 10(邻域公理)

1. x 的邻域包含 x.

2. 如果 U 是 x 的邻域,$U\subset V$,那么 V 也是 x 的邻域.

3. 如果 U、V 都是 x 的邻域,那么 $U\cap V$ 也是 x 的邻域.

4. 如果 V 是 x 的邻域,那么存在 x 的邻域 $U\subset V$,使得 U 中的每一点都以 V 为邻域.

这一命题的证明是极为显然的. 尤其是 1、2 两条形同废话. 我们之所以把它们都列出是因为拓扑空间也可以用这 4 条邻域公理来定义. 也就是说,我们可以在一个任意集合上对它的一些子集定义什么叫它的一个点的邻域,然后就可宣称它就是一个拓扑空间. 这是因为由邻域就可定义出集合的内点,再由内点又可定义出开集. 而这样定义的开集一定满足开集公理(参见习题 1).

邻域自然比开集更直接地刻画了连续性,因为它是"周围""邻近"的数学抽象. 但是确切地进行这种数学抽象并不是轻而易举的. 这里的前 3 条公理似乎都容易想到,第 4 条公理的必要性却不太明显. 把邻域公理与开集公理或闭集公理比较,逻辑上显然前者比后两者要复杂. 因此,从公理化方法的要求来看，人们通常宁可采用形象上不直接、逻辑上较简明的开集公理，而不采用形象上较直接、逻辑上较复杂的邻域公理. 虽然它们都是等价的，但理论的出发点总是越简单越好.

不过邻域概念还是必须要提出的. 尤其是由邻域概念立即可以导出极限的概念.

定义 16　设$\{x_k\}$为拓扑空间 X 中的一个点列. $\bar{x}\in X$ 称为**点列$\{x_k\}$的极限**，或$\{x_k\}$**收敛于**$\bar{x}$，是指$\bar{x}$的任何邻域都包含$\{x_k\}$中的可能除去有限个以外的所有的点. 记作：$x_k\to\bar{x}$.

对于 $\mathbf{R}^2$ 来说，这个定义与$\lim\limits_{k\to\infty}\|x_k-\bar{x}\|=0$ 等价. 读者不难自行验证. 这里有一点要引起注意：对于 $\mathbf{R}^2$ 来说，极限总是唯一的；即如果 $x_k\to\bar{x}$和 $x_k\to\tilde{x}$，那么$\bar{x}=\tilde{x}$. 这时可把这个唯一的极限记为$\lim\limits_{k\to\infty}x_k$. 而对于一般的拓扑空间来说，这点并无保证. ①为保证极限的唯一性，通常还需假定 X 是**分离空间**(参见习题 2).

$\mathbf{R}^2$ 上的拓扑结构是通过："距离(范数)→圆→内点→开集"来定义的. 可用距离来定义拓扑的拓扑空间称为**距离空间**. 这种空间一定是分离空间，并且其中的闭集可以如下

①例如，对于最简单的拓扑：只有 X 和$\varnothing$才是开集. 那么 X 中的任何点都是任何点列的极限.

用极限来定义：

命题 11　$A\subset \mathbf{R}^2$ 是闭集当且仅当对于 A 中的任何点列 $\{x_k\}$，如果 $x_k \to \bar{x}$，那么 $\bar{x}\in A$.

证明留给读者作为练习.

对于 $\mathbf{R}^2$ 来说，它的用距离定义的拓扑是它的“标准拓扑”. 但是 $\mathbf{R}^2$ 上也可以不用距离来定义拓扑. 读者或许已经想到，既然在 $\mathbf{R}^2$ 上已经有了“代数开集”的概念，能不能以“代数开集”为开集来定义 $\mathbf{R}^2$ 上的拓扑？为此只需验证“代数开集”是否满足开集公理. 而这实际上是显然成立的. 因此，我们也可以用“代数开集”来定义 $\mathbf{R}^2$ 上的“非标准拓扑”. 由于“代数开集”比标准的“拓扑开集”来得多（例如，$\mathbf{R}^2$ 中挖去一个圆周，再并上圆周上的有限个点，是个代数开集，但不是拓扑开集），这两种拓扑不是一回事. 用拓扑学的术语来说，前者定义的拓扑比后者定义的要来得细，或者说后者定义的拓扑比前者定义的要来得粗.

$\mathbf{R}^2$ 上的用“代数开集”来定义的拓扑是一种怪拓扑. 但是这种拓扑的用处很少. 它的最主要的缺点在于这种拓扑与 $\mathbf{R}^2$ 上的向量空间结构不协调. 或者更确切地说是与它的加法运算不协调. 这是指加法运算对这种拓扑来说不是连续运算（参见习题 4）. 在布尔巴基学派那里，当一个集合上定义了两种不同的数学结构时，如果这两种结构在一定意义下是协调的，那么就形成一种新的混合结构. 例如，对于

$\mathbf{R}^2$ 来说，它的向量空间结构与它的标准拓扑结构是协调的，这里协调是指线性运算是一种连续运算；即：如果 $\lambda_k \to \bar{\lambda}(\in \mathbf{R})$，$\mu_k \to \bar{\mu}(\in \mathbf{R})$，$\boldsymbol{x}_k \to \bar{\boldsymbol{x}}$，$\boldsymbol{y}_k \to \bar{\boldsymbol{y}}$，那么 $\lambda_k \boldsymbol{x}_k + \mu_k \boldsymbol{y}_k \to \bar{\lambda}\,\bar{\boldsymbol{x}} + \bar{\mu}\,\bar{\boldsymbol{y}}$. 因此，就可以说 $\mathbf{R}^2$ 对这两种协调的结构来说是**拓扑向量空间**. 正因为如此，我们不把代数开集看作一种新的拓扑概念，而仍看作代数概念.

以上这些讨论对于只熟悉中学数学的读者来说可能会觉得很不习惯. 在中学数学范围内，数学的研究对象似乎都是明摆着的：自然数、实数、复数、多项式、代数方程、初等函数、几何图形、排列组合、二次曲线……. 虽然用严格的现代数学标准来要求，所有这些研究对象也都必须给出严格的公理化叙述，但是事实上并无多大必要. 然而，对于现代数学来说，一上来就必须把研究的出发点用少量的几条公理规定下来，而不能认为所研究的对象是“自明”的. 这种严格的公理规定抓住了研究对象的最需要研究的本质部分，同时也会引起一些怪问题. 就如我们在这里所看到的，从通常的平面上的一些如邻域、开集、闭集等概念演变而来的一般拓扑空间概念，反过来竟也可对平面赋予不同寻常的拓扑结构. 这种怪问题有时只是一种游戏，可能意义不大；但有时则会因此发现更深层的数学内涵.

在平面 $\mathbf{R}^2$ 上，除了上述的两种拓扑结构外，我们还可定义许多别的拓扑结构. 其中“最粗的”拓扑结构是只定义全空间和空集为开集的拓扑;“最细的”拓扑结构是定义所有的集合都是开集的拓扑. 出于本书的主题,我们下面要讨论一种与凸性有关的拓扑.

设 $x\in\mathbf{R}^2$,$A\subset\mathbf{R}^2$. 如果 A 有一个包含 x 的代数开凸集为子集,那么 x 称为 A 的**局部凸内点**,A 称为 x 的**局部凸邻域**. 由此我们同样可定义出“局部凸开集”,并可以验证它满足开集公理,以至又可定义出一种“局部凸拓扑”. 这种拓扑显然也比标准拓扑要细,因为圆是一种特殊的代数开凸集. 然而,我们之所以不以定义的方式把它列出,是因为我们可以证明:

命题 12 设 $A\subset\mathbf{R}^2$ 为凸集,则

(i) $\operatorname{int} A=A^i$;

(ii) $\operatorname{cl} A=A^c$.

证明 我们不妨假设 $\operatorname{int} A\neq\varnothing$. 否则 A 是一个线段,命题易证.

(i) $\operatorname{int} A\subset A^i$ 是显然的. 为指出 $A^i\subset\operatorname{int} A$,设 $x\in A^i$. 我们指出 $x\in\operatorname{int} A$. 令 $h_1,h_2,h_3\in\mathbf{R}^2$,且 h_1,h_2,h_3 不在一条直线上. 那么由定义,存在 $\varepsilon_1,\varepsilon_2,\varepsilon_3>0$,使得 $x+\varepsilon_1$,$x+\varepsilon_2$,$x+\varepsilon_3\in A$. 再由 A 是凸集,以 $x+\varepsilon_1$,$x+\varepsilon_2$,$x+\varepsilon_3$ 为顶点的三角形也是 A 的子集,且 x 显然在此三角形的(拓扑)内部,即存在一个以 x 为圆心的圆在三角形中,因此,$x\in\operatorname{int} A$.

(ii) $A^c \subset \mathrm{cl}\, A$ 也是显然的. 反之,设 $x \in \mathrm{cl}\, A$. 我们指出, $x \in A^c$,即存在 $a \in A$,使得 $[a, x) \subset A$,事实上,由假设, $\mathrm{int}\, A \neq \varnothing$,故存在 $a \in \mathrm{int}\, A$. 从而存在圆 $B(a, \delta) \subset A$. 现在令 $y = (1-\lambda)a + \lambda x \in [a, x)$, $\lambda \in (0, 1)$. 则由于 $x \in \mathrm{cl}\, A \subset A + \alpha B(0, \delta)$(为什么? 请读者证明), $\alpha > 0$,我们有

$$
\begin{aligned}
\lambda x \in\ & \lambda A + (1-\lambda) B(0, \delta) \\
&= \lambda A + (1-\lambda) B(a, \delta) - (1-\lambda) a \\
&\subset \lambda A + (1-\lambda) A - (1-\lambda) a \\
&= A - (1-\lambda) a
\end{aligned}
$$

即 $y_\lambda = (1-\lambda)a + \lambda x \in A$. □

推论 如果 $A \subset \mathbf{R}^2$ 是凸集,那么 $\mathrm{int}\, A$ 和 $\mathrm{cl}\, A$ 也是凸集.

这是命题 12 与命题 5 的推论,它也可直接证明.

命题 12 的另一个推论就是:"局部凸拓扑"与"标准拓扑"是等价的. 这是因为"局部凸内点"一定是"标准内点".

作为本节的结束,我们用拓扑概念来定义(平面)图形. 为此,我们先来定义连通开集.

定义 17 拓扑空间 X 的开集 A 称为**连通集**,是指它不能表示为两个不相交的非空开集的并集.

人们对"连通"有一个直观的形象. 例如,一个房间打开了门就与走廊相连通,关起门来就与走廊不连通. 这里的连通,通常是理解为有一条路可走. 但是这样的连通观念似乎

很难与“开集”之类相联系. 下列命题指出,事实上它们是一致的. 这个命题的证明还充分体现了拓扑学的公理化特点. 在中学数学中很少有这种类型的证明.

命题 13 设 $A\subset\mathbf{R}^2$ 是 $\mathbf{R}^2$ 的非空开集. 那么 A 为连通集的充要条件为 A 中的任意两点可以通过有限条在 A 中的直线段相连接.

证明 如果 A 中的任何两点都可用有限条在 A 中的直线段相连接,但不是连通的,那么存在 $\mathbf{R}^2$ 的两个非空开集 O_1 和 O_2,使得

$$A=O_1\cup O_2, O_1\cap O_2=\varnothing \tag{15}$$

于是一定存在一条直线段 $[x_1,x_2]\subset A$,使得 $x_1\in O_1$,$x_2\in O_2$. 事实上,任何连接分别在 O_1 和 O_2 中的两点的有限条 A 的直线段中,一定有一段有这样的性质. 因为 O_1 是开集,故 $[x_1,x_2]\cap O_1$ 一定是半开半闭的区间 $[x_1,y_1)$,其中 $y_1\in(x_1,x_2)$. 同理,$[x_1,x_2]\cap O_2=(y_2,x_2]$,其中 $y_2\in(x_1,x_2)$. 由式(15),我们得到

$$\begin{aligned}[x_1,x_2]&=[x_1,x_2]\cap A=[x_1,x_2]\cap(O_1\cup O_2)\\&=([x_1,x_2]\cap O_1)\cup([x_1,x_2]\cap O_2)\\&=[x_1,y_1)\cup(y_2,x_2]\end{aligned} \tag{16}$$

$$\begin{aligned}[x_1,y_1)\cap(y_2,x_2]&=([x_1,x_2]\cap O_1)\cap([x_1,x_2]\cap O_2)\\&=[x_1,x_2]\cap(O_1\cap O_2)=\varnothing\end{aligned} \tag{17}$$

但式(16)与式(17)显然是矛盾的,因为式(17)说明式(16)

的左端的两段线段是不相叠的，从而与右端相比少掉了一段$[y_1, y_2]$.

反之，设 A 是连通开集，$x \in A$. 令 B 为 A 的所有可与 x 用有限条 A 中的直线段相连的点的全体，C 为 A 的所有不能用有限条 A 中的直线段与 x 相连的点的全体. 则 $A = B \cup C$，$B \cap C = \varnothing$. 但由于任何 $\mathbf{R}^2$ 的点总是可以与以它为中心的圆内的任何点用直线段相连，从而 B 与 C 都是开集，并且 B 是非空的. 由 A 的连通性，C 只能是空的，即 $A = B$. □

推论 凸开集是连通集.

我们可以注意到，命题 13 不是一个"纯拓扑"的结果，因为其中用到了直线段的概念，它是一个代数概念. 对于一般的拓扑空间上述结果是无法表述的. 不过，拓扑空间上虽然没有直线可言，却有可能定义其中的"道路"，它可定义为$[0,1]$区间到该空间中的连续变换的象. 由此可以产生一个叫"道路连通"的拓扑概念. 但是不像在 $\mathbf{R}^2$ 中那样，这个概念一般与"连通"是不等价的. 问题在于对一个一般的拓扑空间来说，每一点不一定能与它的邻域中的点用道路连接.

最后，图形的定义如下：

定义 18 $\mathbf{R}^2$ 中的连通开集的闭包称为**图形**.

注意到命题 12 和命题 13，不难看出，由定义 9 定义的凸图形与此没有矛盾.

习 题

1. 试用邻域来定义开集,并用邻域公理(命题 10)来证明开集公理(命题 8).

2. 一个拓扑空间 X 称为**分离空间**或 **Hausdorff 空间**,是指对于任何 x,$y\in X$,$x\neq y$,存在 x 的邻域 U_x 和 y 的邻域 U_y,使得 $U_x\cap U_y=\varnothing$. 设$\{x_k\}$为分离空间 X 中的一个点列. 证明,如果对于 X 中的$\bar{x}$和 $\tilde{x}$,都有 $x_k\to\bar{x}$和 $x_k\to\tilde{x}$,那么$\bar{x}=\tilde{x}$.

3. 试证命题 11.

4. 如果 $\mathbf{R}^2$ 被赋予“定义代数开集为开集”的拓扑,试指出,这时有 $(1/k,0)\to(0,0)$,$(0,1/k^2)\to(0,0)$,但是$(1/k,1/k^2)\to(0,0)$却不成立. 这说明这时加法运算是不连续的.

5. 对于拓扑内部 $\operatorname{int} A$ 来说,它可以理解为“包含在 A 内的最大开集”. 从而 $\operatorname{int}(\operatorname{int} A)=\operatorname{int} A$ 总成立. 对于代数内部 A^i 来说,它能否理解为“包含在 A 内的最大代数开集”? 请考察图 8 中的“奇怪的代数内点”. 由此可知,$(A^i)^i=A^i$ 一般不成立.

§1.7 凸集承托定理的解析证明

我们对 $\mathbf{R}^2$ 赋以拓扑结构后就可以在 $\mathbf{R}^2$ 上进行极限运算. 这使得我们有可能用“解析方法”来证明凸性定理. “解析”或“分析”作为数学名词的含义并不是非常明确的. 按照 19 世纪德国数学家 K. 魏尔斯特拉斯(K. Weierstrass, 1815—1897)的说法,“解析”是指四则运算,但是允许运算无限多次. 因此,可用“无限次多项式(幂级数)”表示的函数就被称为“解析函数”. 目前通常的理解实际上还是沿用魏尔斯特拉斯的理解,但“无限运算”则被明确为是极限运算. 建立在极限运算基础上的微积分学及有关学科通常也称为“数学分(解)析”(它常被外行人错误地理解为“用数学方法来分析问题”)以及“实分析”“复分析”“泛函分析”等,不过,需要指出的是:“解析几何”中的“解析”两字据说是被用错了的,因为解析几何中原则上不用极限运算. 布尔巴基学派的发起人之一 P. G. 狄利克雷(P. G. Dieudonné,1906—1992)不止一次愤愤地说,目前人们所说的“解析几何”不过是线性代数的一部分,“真正的解析几何”应该是指涉及解析函数的几何学,即所谓“复几何”之类.

所谓“解析方法”可以理解为用四则运算和极限运算来处理问题的方法. 这种方法的好处在于它可以少用普通叙述的、有时不大容易检验的语言,而基本上用数学运算式(它们常被称为解析式)来表达. 我们在 § 1. 5 中给出的凸集承托定理的证明就不是一个解析证明. 那里不但没有用到极限运算,主要的表达也不是用运算式来给出的. 现在我们将要给出的解析证明则主要靠极限与运算式. 为此,我们先要注意到 $\mathbf{R}^2$ 有如下拓扑性质:

命题 14 $\mathbf{R}^2$ 满足列紧性公理,即每个有界点列有收敛子列;这里“有界”是指点列的每个坐标有界.

证明 设 $\{x_k\}=\{(x_k^1, x_k^2)\}\subset\mathbf{R}^2$ 为一有界点列,即实

数列$\{x_k^1\}$和$\{x_k^2\}$都是有界的. 那么由实数系满足列紧性公理,存在$\{x_k^1\}$的收敛子列$\{x_{k_1}^1\}$,使得$x_{k_1}^1 \to \overline{x}^1$. $\{x_k^2\}$的子列$\{x_{k_1}^2\}$仍是一个有界实数列,故它又有收敛子列$\{x_{k_{12}}^2\}$,使得$\{x_{k_{12}}^2\} \to \overline{x}^2$. 最后不难验证,$\{x_k\}$的子列$\{x_{k_{12}}\} = \{(x_{k_{12}}^1, x_{k_{12}}^2)\}$收敛于$\overline{x} = (\overline{x}^1, \overline{x}^2)$,即

$$\lim_{k_{12} \to \infty} \| x_{k_{12}} - \overline{x} \| = \lim_{k_{12} \to \infty} [(x_{k_{12}}^1 - \overline{x}^1)^2 + (x_{k_{12}}^2 - \overline{x}^2)^2]^{1/2} = 0$$

其次,我们要把“对某方向而言来比高低”这件事用解析式来表示. 如图 13 中,由对点 a 所决定的方向而言的“等高线”就是一系列与 a 方向垂直的平行线. 它们的“高度”可由原点到它们的距离而定. 对于点 b 来说,这个“高度”恰好就是向量$\overrightarrow{0b}$的长度 $\| b \|$ 乘上向量$\overrightarrow{0a}$与向量$\overrightarrow{0x}$的夹角的余弦. 设

$$a = (x_a^1, x_a^2) = (\| a \| \cos \alpha, \| a \| \sin \alpha) \tag{18}$$

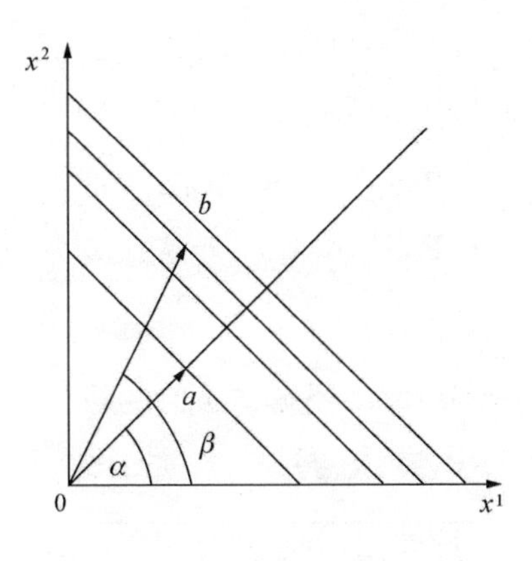

图 13　某方向的等高线

$$b = (x_b^1, x_b^2) = (\| b \| \cos\beta, \| b \| \sin\beta) \tag{19}$$

定义

$$\langle a,b\rangle := x_a^1 x_b^1 + x_a^2 x_b^2 \tag{20}$$

它称为 a 与 b 的**内积或数量积**. 由式(18)、式(19)和式(20)可得

$$\begin{aligned}\langle a,b\rangle &= \| a \| \, \| b \| (\cos\alpha\cos\beta + \sin\alpha\sin\beta) \\ &= \| a \| \, \| b \| \cos(\alpha - \beta)\end{aligned} \tag{21}$$

式(21)说明,除了一个常数因子 $\| a \|$ 以外,$\langle a,b\rangle$ 恰好就是"点 b 对于方向 a 的高度". 因此,"对于方向 a 比高低"就可通过与 a 的内积 $\langle a, \cdot\rangle$ 来进行. 尤其是,"x_0 对于方向 p 而言不低(高)于集合 A 中的所有点",就可表示为

$$\forall x \in A, \langle p, x_0\rangle \geqslant (>) \langle p, x\rangle \tag{22}$$

$\mathbf{R}^2$ 中的内积是个很重要的概念. 它有许多重要性质. 我们列举如下:

1. $\langle x,x\rangle = \| x \|^2$.

2. $\langle x,y\rangle = \langle y,x\rangle$.

3. $\forall \lambda_1, \lambda_2 \in \mathbf{R}, \langle p, \lambda_1 x_1 + \lambda_2 x_2\rangle = \lambda_1\langle p, x_1\rangle + \lambda_2\langle p, x_2\rangle$.

4. (**Cauchy-Schwartz 不等式**) $|\langle x,y\rangle| \leqslant \| x \| \, \| y \|$.

5. $\forall p \in \mathbf{R}^2, \forall \alpha \in \mathbf{R}, H_{p\alpha} = \{x \in \mathbf{R}^2 \mid \langle p,x\rangle = \alpha\}$ 是 $\mathbf{R}^2$ 上的一条直线,并且向量 $\overrightarrow{0p}$ 是该直线的法向量.

这里前 3 条都是显然的. 第 4 条是下列熟知的不等式

的又一种记法：

$$(a_1b_1+a_2b_2)^2 \leqslant (a_1^2+a_2^2)(b_1^2+b_2^2)$$

第 5 条则是解析几何中熟知的事实；它不过是一种几何解释.

有了上述这些准备后，我们就可用解析方法来证明和表达凸集承托定理. 为此，我们先证明两个预备命题，它们本身也有独立意义.

命题 15 设 $A \subset \mathbf{R}^2$ 为闭凸集，如果 $x_0 \notin A$，那么存在 $p \in \mathbf{R}^2$，使得

$$\sup_{x \in A}{}^{①}\langle p, x\rangle < \langle p, x_0\rangle \tag{23}$$

即对于方向 p 而言，x_0 高于 A 中所有的点.

证明 我们不妨假设 $x_0=0$. 否则可经过适当的坐标平移. 这样，由于存在以 0 为中心的圆不在闭凸集 A 中，故

$$d(A):=\inf_{x \in A}\|x\|>0$$

取 $\{x_k\} \subset A$，要求它满足

$$\|x_k\| \to d(A) \tag{24}$$

则因为 $\{x_k\}$ 是有界点列，由命题 14，它有收敛子列. 不妨仍记它为 $\{x_k\}$，于是可认为

$$x_k \to p' \text{ 即 } \|x_k - p'\| \to 0 \tag{25}$$

①sup 是上确界（最小的上界）记号，inf 是下确界（最大的下界）记号. 实数的连续性公理的一种等价形式为：有上界的集合一定有上确界. 容易证明它与我们在§1.3中提出的连续性公理是等价的.

由式(24)、式(25)以及命题10,我们可得

$$p' \in A, \| p' \| = d(A) > 0 \tag{26}$$

另一方面,因为 A 是凸集,故对于任何 $x \in A, \lambda \in (0,1)$,我们有 $(1-\lambda)p' + \lambda x \in A$,从而

$$\| (1-\lambda)p' + \lambda x \| \geqslant d(A) = \| p' \| \tag{27}$$

但由内积的性质可知

$$\begin{aligned} \| (1-\lambda)p' + \lambda x \|^2 &= \| p' + \lambda(x - p') \|^2 \\ &= (p' + \lambda(x-p'), p' + \lambda(x-p')) \\ &= \| p' \|^2 + 2\lambda\langle p', x - p'\rangle + \lambda^2 \| x - p' \|^2 \end{aligned} \tag{28}$$

由式(27)和式(28)可得

$$2\lambda\langle p', x-p'\rangle + \lambda^2 \| x-p' \|^2 \geqslant 0$$

再由 $\lambda > 0$,它又导致

$$\langle p', x-p'\rangle > -\frac{\lambda}{2} \| x-p' \|^2 \tag{29}$$

在式(29)中令 $\lambda \to 0$,并注意到 x 的任意性,我们最后得到

$$\forall x \in A, \langle p', x - p'\rangle \geqslant 0 \tag{30}$$

即

$$\forall x \in A, \langle p', x\rangle \geqslant \| p' \|^2 > 0$$

因此,式(23)对于 $x_0 = 0$ 和 $p = -p'$ 成立. □

命题15可用图14来说明.注意到内积的几何意义,我们尤其可发现式(30)意味着向量 $\overrightarrow{p'0}$ 与向量 $\overrightarrow{xp'}$ 的夹角不大于 $\pi/2$,或向量 $\overrightarrow{0p'}$ 与向量 $\overrightarrow{xp'}$ 的夹角不小于 $\pi/2$.

命题 16　设 $A\in\mathbf{R}^2$ 为凸集，$\text{int}\,A\neq\varnothing$，$x_0\notin\text{int}\,A$. 那么存在 $p\in\mathbf{R}^2$，$p\neq 0$，使得

$$\forall x\in A,\langle p,x_0\rangle\geqslant\langle p,x\rangle \tag{31}$$

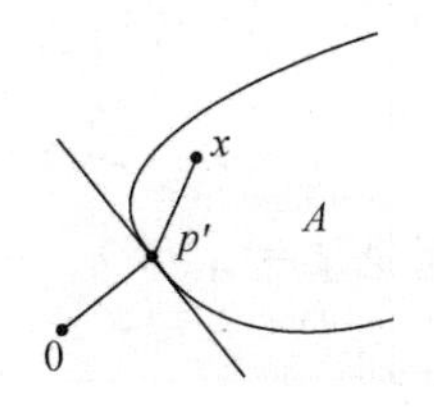

图 14　凸图形外一点对某方向高于图形

即对方向 p 而言，x_0 不低于 A 中所有的点.

证明　由命题 15，我们只需对 x_0 是边界点（$x_0\in\text{cl}\,A\setminus\text{int}\,A$）的情形来证明，并且与上面一样，仍可假设 $x_0=0$.

设 $a\in\text{int}\,A$. 用直线段连接 a 与 0，并从 0 向外延长一小段至 y_k. 则由命题 6 和命题 12，$y_k\notin\text{cl}\,A$，否则由 $0\in(y_k,a)$，可得 $0\in\text{int}\,A$. 显然，我们还可假设 $\|y_k\|\to 0$①.

对 y_k 应用命题 15，并利用 Cauchy-Schwartz 不等式，我们得到

$$\exists p_k\neq 0,\forall x\in A,\langle p_k,x\rangle<\langle p_k,y_k\rangle\|p_k\|\|y_k\| \tag{32}$$

令 $p_k'=p_k/\|p_k\|$. 则式(32)变为

$$\exists p_k',\|p_k'\|=1,\forall x\in A,\langle p_k',x\rangle<\langle p_k',y_k\rangle\leqslant\|y_k\| \tag{33}$$

因为 $\{p_k'\}$ 是有界点列，再由命题 14，它存在收敛子列. 仍记

① 我们在这里顺便指出，有相当多涉及凸性的著作，尤其是最优化方面的著作，在证明这样的 $\{y_k\}$ 的存在时有漏洞. 它们说这是因为 0 不是 A 的内点，从而在 0 的任意邻域中有 $\text{cl}\,A$ 外的点，但这是不对的. 如果不利用 A 是内部非空的凸集，由 $0\notin\text{int}\,A$ 并不能导出 $0\notin\text{int}(\text{cl}\,A)$.

作 $\{p_k'\}$,我们就可以说

$$p_k' \to p, \text{即} \ \| p_k' - p \| \to 0 \tag{34}$$

特别是 $1 = \| p_k' \| \to \| p \| = 1 \neq 0$. 由式(33)和式(34),我们得到

$$\forall x \in A, \langle p, x \rangle = \lim_{k \to \infty} \langle p_k', x \rangle \geqslant \lim_{k \to \infty} \| y_k \| = 0$$

即式(31)对 $x_0 = 0$ 成立. □

我们从前面两个命题的证明中可以看出解析方法的优点所在:用解析式表达的关系使人一目了然. 但解析方法的好处还不仅如此. 它的另一个优点是:一些简单的运算就能使命题的面貌有很大的改变. 这两个命题都是说凸集外一点与整个凸集中的点之间关于某方向比高低的问题. 但它们都能毫不费力地推广到两个不相交的凸集用直线分离的问题.

定义 19 设 $A, B \subset \mathbf{R}^2$ 为两个集合. 如果存在 $p \in \mathbf{R}^2$, $p \neq 0$,使得

$$\forall x \in A, \forall y \in B, \langle p, x \rangle \leqslant \langle p, y \rangle \tag{35}$$

那么称 A 与 B **可用直线分离**;如果

$$\forall x \in A, \forall y \in B, \langle p, x \rangle < \langle p, y \rangle \tag{36}$$

那么称 A 与 B **可用直线严格分离**;如果

$$\sup_{x \in A} \langle p, x \rangle < \inf_{y \in B} \langle p, y \rangle \tag{37}$$

那么称 A 与 B **可用直线强分离**.

如图 15 所示,两个集合间可用直线分离的概念都有明

确的几何意义.

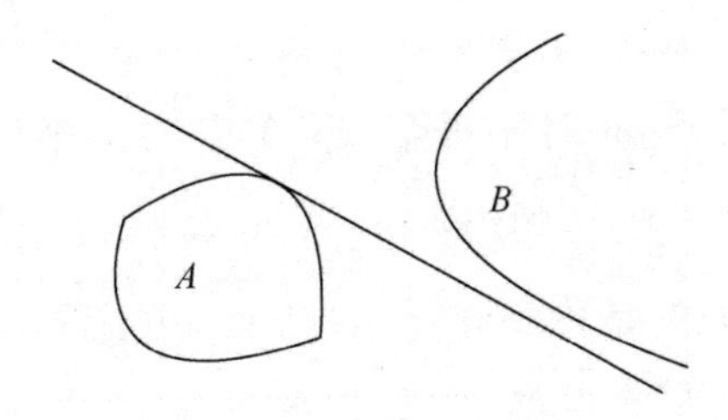

图 15　凸集用直线分离

由内积的性质,我们立即可得,式(35)等价于

$$\forall x \in A, \forall y \in B, \langle p, x-y \rangle \leqslant 0 \tag{38}$$

这就是说,A 与 B 可用直线分离等价于 0 与 $A-B$ 可用直线分离. 同样,由式(36)和式(37)可知,A 与 B 可用直线严格分离(强分离)等价于 0 与 $A-B$ 可用直线严格分离(强分离). 同时,命题 15 的结果现在可解释为 0 与 A 可用直线强分离,命题 16 的结果可解释为 0 与 A 可用直线分离. 考虑到两个凸集的(代数)差仍是凸集,由命题 16 立即可得:

定理 2(凸集分离定理)　设 A、$B \in \mathbf{R}^2$ 为两个凸集. $\operatorname{int} A \neq \varnothing$,$\operatorname{int} A \cap B = \varnothing$. 那么 $\operatorname{int} A$ 与 B 可用直线严格分离,$\operatorname{cl} A$ 与 B 可用直线分离.

证明　因为 A 是凸集,故由命题 12 和命题 5,$\operatorname{int} A$ 是凸集. 从而再由命题 1,$\operatorname{int} A - B$ 也是凸集. 同时,由 $\operatorname{int} A \cap B = \varnothing$,可知 $0 \notin \operatorname{int} A - B$,并且由 $\operatorname{int} A \neq \varnothing$ 可知

$\operatorname{int} A-B$是非空开集. 因此,由命题 15,0 与 $\operatorname{int} A-B$ 可用直线分离. 即 $\operatorname{int} A$ 与 B 可用直线分离. 但由 $\operatorname{int} A$ 是非空开集容易看出,这时对于每个 $\operatorname{int} A$ 中的点来说,式(35)中的等号是不可能成立的. 即 $\operatorname{int} A$ 与 B 实际上是严格分离的. 同时,因为 A 是内部非空的凸集,由命题 5 和命题 12 可得 $\operatorname{cl} A$ 中的每个点都是 $\operatorname{int} A$ 的接触点. 从而对 $\operatorname{int} A$ 中的点都成立的不等式,不可能对 $\operatorname{cl} A$ 中的点使不等式反向;即$\operatorname{cl} A$与 B 可用直线分离. □

由命题 15 应该可以得到类似的凸集的强分离结果. 但是需注意的是:两个闭集的(代数)差不一定是闭集(参见习题 1). 一般只能有:

命题 17 设 $C\in \mathbf{R}^2$ 为有界闭集,$D\in \mathbf{R}^2$ 是闭集. 那么 $C+D$也是闭集.

证明 由命题 12,我们只需验证 $C+D$ 中的点列的极限还在 $C+D$ 中. 设$\{x_k\}\subset C+D$,并且 $x_k\to\bar{x}$. 那么存在 $y_k\in C$ 和 $z_k\in D$,使得

$$x_k = y_k + z_k, k = 1,2,\cdots$$

但由于 C 是有界闭集,故$\{y_k\}$是有界点列,从而由命题 14,存在$\{y_k\}$的子列$\{y_{k_1}\}$,使得 $y_{k_1}\to\bar{y}\in C$. 同时,有与$\{y_{k_1}\}$同样下标的$\{x_k\}$的子列$\{x_{k_1})$仍收敛于 $\bar{x}$. 因此,由加(减)法运算的连续性,也有 $z_{k_1}=x_{k_1}-y_{k_1}\to\bar{x}-\bar{y}$,且由$\{z_{k_1}\}\subset D$ 和 D 是闭集,可得 $\bar{x}-\bar{y}\in D$. 因此,$\bar{x}=\bar{y}+(\bar{x}-\bar{y})\in C+D$. □

定理 3(凸集强分离定理) 设 $A\subset\mathbf{R}^2$ 为有界闭凸集，$B\subset\mathbf{R}^2$ 为闭凸集，且 $A\cap B=\varnothing$. 那么 A 与 B 可用直线强分离.

证明 由命题 1 和命题 17 可得 $A-B$ 为闭凸集，而由 $A\cap B=\varnothing$ 又可导得 $0\notin A-B$. 因此，定理 3 可由命题 15 导得. □

以后我们将看到，这两条凸集分离定理有众多应用. 与此密切相关的另一条重要的凸性定理是闭凸集表示定理. 为阐述它，我们先引进一个概念.

定义 20 设 $A\subset\mathbf{R}^2$.

$$\forall p \in \mathbf{R}^2, \sigma_A(p) := \sup_{x\in A}\langle p, x\rangle \tag{39}$$

称为集合 A 的**承托函数**.

请注意，对于某些 $p\in\mathbf{R}^2$ 来说，这里的 $\langle p,x\rangle$ 作为 A 上的 x 的函数是不一定有上界的. 这时我们就认为 $\sigma_A(p)=\sup_{x\in A}\langle p,x\rangle=+\infty$. 也就是说，$\sigma_A$ 是定义在 $\mathbf{R}^2$ 上的取实值或取 $+\infty$ 的函数. σ_A 的这一特性可记作：

$$\sigma_A:\mathbf{R}^2\rightarrow\mathbf{R}\cup\{+\infty\}$$

以后我们将经常讨论这种类型的函数. □

定理 4(闭凸集表示定理) 设 $A\subset\mathbf{R}^2$. 那么 A 是闭凸集的充要条件为

$$A=\{x\in\mathbf{R}^2 \mid \forall p\in\mathbf{R}^2, \langle p,x\rangle\leqslant\sigma_A(p)\} \tag{40}$$

证明 设式(40)的右端为 A_1. 如果 $A=A_1$，我们证明

A_1 是闭凸集. 事实上,对于任何 $x_1, x_2 \in A_1$,我们有

$$\forall p \in \mathbf{R}^2, \langle p, x_1 \rangle \leqslant \sigma_A(p), \langle p, x_2 \rangle \leqslant \sigma_A(p)$$

因此,由内积的性质,也有 $\forall \lambda \in [0,1]$, $\forall p \in \mathbf{R}^2$,

$$\begin{aligned}\langle p, (1-\lambda)x_1 + \lambda x_2 \rangle &= (1-\lambda)\langle p, x_1 \rangle + \lambda \langle p, x_2 \rangle \\ &\leqslant (1-\lambda)\sigma_A(p) + \lambda \sigma_A(p) = \sigma_A(p)\end{aligned}$$

即 $(1-\lambda)x_1 + \lambda x_2 \in A_1$,从而证明了 A_1 是凸集. 另一方面,容易验证,如果 $\{x_k\} \subset A_1$, $x_k \to \overline{x}$,则 $\overline{x} \in A_1$. 因此,A_1 也是闭集.

反之,如果 A 是闭凸集,我们证明 $A = A_1$. 由 σ_A 的定义式(39),显然有 $A \subset A_1$. 我们指出,$A_1 \backslash A = \varnothing$. 事实上,如果 $x_0 \notin A$,由 A 是闭凸集和命题 15,存在 $p \in \mathbf{R}^2$,使得

$$\sigma_A(p) = \sup_{x \in A} \langle p, x \rangle < \langle p, x_0 \rangle$$

即 x_0 也不是 A_1 的元素. □

定理 4 回答了我们在 §1.5 的最后所说到的问题. 我们的结果其实更一般,因为把式(40)记成

$$A = \bigcap_{p \in \mathbf{R}^2} \{x \in \mathbf{R}^2 \mid \langle p, x \rangle \leqslant \sigma_A(p)\}$$

它恰好说明:每个闭凸集都是一族闭半平面的交集.

定理 4 还可以进一步的推广. 为此我们给出:

定义 21 设 $A \subset \mathbf{R}^2$. 包含 A 的最小闭凸集称为 A 的**闭凸包**,记作 $\mathrm{cl\ co}\, A$.

定理 4′ 设 $A \subset \mathbf{R}^2$. 则

$$\mathrm{cl\ co}\, A = \{x \in \mathbf{R}^2 \mid \forall p \in \mathbf{R}^2, \langle p, x \rangle \leqslant \sigma_A(p)\}$$

证明留给读者作为练习.

至于在§1.5中提到的承托直线现在也可有如下的解析定义:

定义 22 直线 $H_{p\alpha}=\{x\in\mathbf{R}^2\mid\langle p,x\rangle=\alpha\}$ 称为集合 $A\in\mathbf{R}^2$ 的**承托直线**是指

1. $H_{p\alpha}\cap \mathrm{cl}A\neq\varnothing$.

2. $\forall\, x\in A,\langle p,x\rangle\leqslant\alpha$.

原来的凸集承托定理1或1′及其解析证明,现在则可表达为

定理 1″(凸集承托定理) 设 A 是 $\mathbf{R}^2$ 中的图形.那么 A 是凸图形的充要条件为过 A 的每一边界点有承托直线.

证明 凸图形的每一边界点有承托直线是命题16的推论.逆命题的证明仍可采用原来的,但是如果利用目前的结果,证明可略有简化.事实上,设 D_A 为 A 的边界点全体.如果图形 A 的每一边界点 d 上有承托直线为

$$H_d=\{x\in\mathbf{R}^2\mid\langle p_d,x\rangle=\alpha_d\}$$

令

$$A_1=\bigcap_{d\in D_A}\{x\in\mathbf{R}^2\mid\langle p_d,x\rangle\leqslant\alpha_d\}$$

那么 A_1 是闭凸集,且由承托直线的定义22可知,$A\subset A_1$.由 A 是图形,故存在 $\alpha\in\mathrm{int}\,A\subset\mathrm{int}\,A_1$.如果又存在 $x\in A_1\backslash A$,我们用直线段连接 x 和 α,则由 A 是闭集,一定存在 $d'\in(\alpha,x)$ 是 A 的边界点,从而存在过 d' 的 A 与 A_1 的公共

承托直线 $H_{d'}$. 但由命题 6 和命题 12, d' 又一定是 A_1 的内点,其上不可能有 A_1 的承托直线. 因此,这样的 x 不可能存在. □

我们可以注意到,这里并未用到 A 的连通性.

本节中所证明的定理 2～4, 1″可称为凸性基本定理. 以后要证明的所有定理都将以它们为基础.

习　题

1. 试举出这样的反例: $A\in\mathbf{R}^2$ 和 $B\in\mathbf{R}^2$ 都是闭集,但 $A+B$ 不是闭集.

2. 证明定理 4′.

3. 设 A 和 B 为 $\mathbf{R}^2$ 的两个非空有界闭凸集,且 $A\cup B$ 也是凸集. 证明: $A\cap B\neq\varnothing$,即 A 和 B 有公共点.

4. 设 $A_1, A_2, \cdots, A_m$ 都是 $\mathbf{R}^2$ 的非空有界闭凸集,且 $A_1\cup A_2\cup\cdots\cup A_m$ 也是凸集. 证明:如果 $A_1, A_2, \cdots, A_m$ 中的任意 $m-1$ 个都有公共点,那么 $A_1, A_2, \cdots, A_m$ 也有公共点.

5. 按照定义 22 的记号,我们称 $H_{p\alpha}$ 为 A 的**方向为 p 的承托直线**. 证明:如果 A 是有界闭凸集,那么对于任何非零方向 p, A 有且仅有两条方向为 p 的承托直线.

§1.8 “高于周围＝四周鼓出”的证明

在本节中,我们要回答我们最初提出的问题,即指出“高于周围”与“四周鼓出”是一致的.

我们已经指出,“四周鼓出”(凸图形)与(其边界上的每一点都对某方向)“高于整体”是一回事. 现在我们要把“高于整体”改进为“高于周围”. 为此,首先需要把我们在§1.1中的“定义 1”精确化. 由于我们现在已经有了“图形”“边界”“周围”“内部”“对某方向的高低”等概念的确切定义,要做到这点已不是难事.

定义 23 设 $A\subset\mathbf{R}^2$ 是一个图形. x_0 是它的边界点. 如果存在 $r>0, p\in\mathbf{R}^2, p\neq 0$,使得

$$\forall x \in \operatorname{int} A \cap B(x_0, r), \quad \langle p, x_0\rangle > \langle p, x\rangle \tag{41}$$

那么称 x_0 为 A 的**凸点**;如果存在 $r>0, p\in\mathbf{R}^2, p\neq 0$,使得

$$\forall x\in A\cap B(x_0, r), \langle p, x_0\rangle > \langle p, x\rangle \Rightarrow x\in \operatorname{int} A \tag{42}$$

那么 x_0 称为 A 的**凹点**. 不是凹(凸)点的凸(凹)点称为**严格凸(凹)点**.

这个定义就是“定义 1”的数学精确化. 为了指出“高于周围=四周鼓出”,只需指出:如果图形 $A\in\mathbf{R}^2$ 不是凸的,那么它一定有严格凹边界点. 事实上,我们将证明更强的结果. 为此,我们还要提出比严格凸点、凹点要求更高的边界点定义.

定义 24 设 $A\subset\mathbf{R}^2$ 是一个图形. x_0 是它的边界点. 如果存在 $r>0, p\in\mathbf{R}^2, p\neq 0$,使得

$$\forall x \in A \cap B(x_0, r), \langle p, x_0\rangle > \langle p, x\rangle \tag{43}$$

那么称 x_0 为 A 的**暴露点**;如果存在 $r>0, p\in\mathbf{R}^2, p\neq 0$,使

得

$$\forall x \in A \cap B(x_0, r), \langle p, x_0 \rangle \geqslant \langle p, x \rangle \Rightarrow x \in \operatorname{int} A \qquad (44)$$

那么 x_0 称为 A 的**强凹点**.

暴露点与强凹点的特点都在于“局部承托直线”都只与“局部边界”相交于一点. 显然,暴露点一定是严格凸点,强凹点一定是严格凹点;但反之都不一定. 例如,图 16 中点 d,对 A 来说是严格凸点,但不是暴露点;而对 A 的余集 CA 来说是严格凹点,但不是强凹点. 可以注意到,暴露点与强凹点的这种“互补性”对一般的图形也是成立的. 它对我们下面的证明有用.

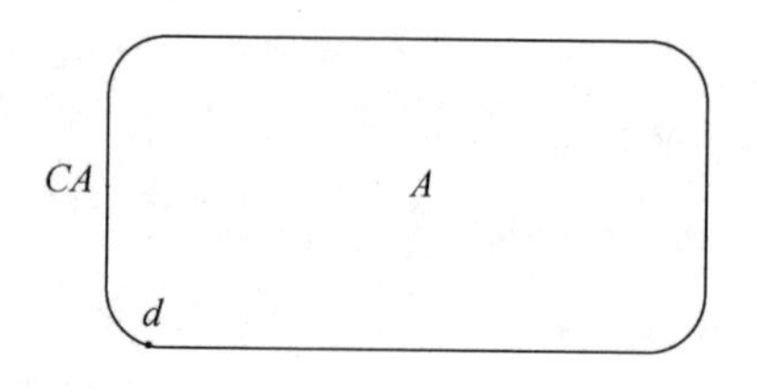

图 16　非暴露点的严格凸点

对于凸图形来说,其严格凸边界点又称端点(参见习题 1). 其一般定义如下:

定义 25　设 $A \in \mathbf{R}^2$ 为凸集. $\alpha \in A$ 称为 A 的**端点**,是指不存在 $x, y \in A$,使得 $\alpha = (x+y)/2$.

换句话说,α 是凸集的端点是指它不在 A 中的开线段之中.

闭线段的端点显然就是它的通常意义下的端点. 在一

般情形中,我们有:

命题 18 设 $A\in\mathbf{R}^2$ 为有界闭凸集. 那么 A 的每条承托直线上至少有一个它的端点.

证明 事实上,有界闭凸集 A 与其承托直线的交集总是一个闭线段或一个点. 这闭线段的端点或这单个点显然就是 A 的端点. 在后一情形中,这单个点还是 A 的暴露点.

□

关于端点的最重要的定理是:

定理 5(Klein-Milman) 设 $A\in\mathbf{R}^2$ 为有界闭凸集, $D\subset A$为它的端点集. 那么, $A=\mathrm{cl\ co}\,D$; 即 A 是 D 的闭凸包.

证明 根据定理 4,我们只需指出

$$\forall\, p\in\mathbf{R}^2, \sigma_A(p)=\sigma_{\mathrm{cl\ co}}D(p) \tag{45}$$

由于 A 是有界闭凸集,不难验证,对于任何 $p\in\mathbf{R}^2$, $\sigma_A(p)$ 总取有限值,并且

$$H_{pA}=\{x\in\mathbf{R}^2\mid\langle p,x\rangle=\sigma A(x)\}$$

总是 A 的一条承托直线. 由命题 18,每条 H_{pA} 上总有 A 的端点,即存在 $x_p\in D$,使得

$$\sigma_{\mathrm{cl\ co}}D(p)\geqslant\langle p,x_p\rangle=\sigma_A(p)\geqslant\sigma_{\mathrm{cl\ co}}D(p)$$

因此,式(45)成立. □

命题 18 和定理 5 断定了任何有界闭凸集一定有端点. 下列较难的命题更进一步肯定了暴露点的存在性.

命题 19 设 $A\subset\mathbf{R}^2$ 是凸图形. 如果 D 是其边界的有界连通闭子集,并且 D 不是单点或直线段,那么 D 中至少包含 A 的一个暴露点.

证明 如果 D 中没有暴露点,那么 D 中的每一点的承托直线都将包含 A 的边界的一部分. 由于 D 不是单点集,故它也一定包含 D 的一部分. 又由于 D 是连通集,这又说明,D 的每一点都一定是 D 中的直线段的点. 因此,D 是由直线段组成的集合. 但它又不是一条直线段. 当 D 是两条以上的有限条直线段组成时,由 D 连通,可知这有限条直线段是相连的. 而不难验证,直线段与直线段的连接点一定是暴露点. 由此导得矛盾.

然而,D 还可能由无限条直线段相连接来形成,我们不妨假设 D 的任何连通闭子集都不是由有限条直线段相连而成. 否则仍能用同样推理导得暴露点的存在. 这时,设 $a\in \operatorname{int} A$,则由命题 6 和命题 12,$a$ 与 D 中的点用直线段相连接时,彼此不会相交. 设 D_1' 为 D 中所有与 a 的张角超过 $\pi/2$的直线段全体(这样的直线段少于 4 条),D_1 为 $D\backslash D_1'$ 的一个连通部分[①]的闭包. 则 D_1 还是由直线段所组成,但其中不再有对 a 的张角超过 $\pi/2$ 的直线段. 又令 D_2' 为 D_1 中的对 a 的张角超过 $\pi/4$ 的直线段全体,D_2 为 $D_1\backslash D_2'$ 的

---

①设 $x\in D$,则 D 的包含 x 的最大连通子集称为包含 x 的连通成分.

一个连通部分的闭包.再在 D_2 中取出对 a 的张角超过 $\pi/8$ 的直线段,而得到 D_3,如此等等,最后得到一系列由直线段组成的有界连通闭集:

$$D \supset D_1 \supset D_2 \supset \cdots \supset D_k \supset \cdots$$

这些有界连通闭集的交集一定是非空的.①令 $\bar{x} \in \bigcap_{k=1}^{\infty} D_k$.则 $\bar{x}$ 不可能在任何对 a 的张角大于零的直线段内,同时,由命题 6和命题 12,$\bar{x}$ 与 a 的连线上又不可能有 D 中的别的点.这就与 D 由直线段组成相矛盾.从而完成了命题的证明.

□

这一命题的结论虽然很简单,但它的证明却很不简单.而且看来也很难找到更简单的证明.②这说明这一命题是比较深刻的.

现在我们来证明这节中的主要定理:

定理 6　$A \subset \mathbf{R}^2$ 为一非凸图形.那么 A 的边界上至少存在一个强凹点.

证明　因为 A 是非凸的,故 $\operatorname{int} A$ 也是非凸的,从而一定存在 $x, y \in \operatorname{int} A$,使得 (x, y) 不在 $\operatorname{int} A$ 中.但 $\operatorname{int} A$ 又是

---

①这点可用命题 14 来证明.事实上,在每个 D_k 中取一点而形成的点列的收敛子列的极限就一定在这个交集中.

②利用集合论的基数(势)的概念,可给出较简单的证明如下:如果 D 由线段组成,则它至多只包含可数条线段.但 D 上的点的承托直线的方向可能有不可数个,故至少有一条承托直线与 A 只交于一点.然而,这个证明更为费解.

连通的,由命题 13,我们还可假设,存在 $z\in \text{int}\, A$,使得 $[x,z][y,z]\subset \text{int}\, A$. 这是因为 x 与 y 总可由 $\text{int}\, A$ 中的有限条线段连接. 设这有限条线段的端点为 $x,x_1,x_2,\cdots,x_k,y$,如果 (x,x_1) 不在 $\text{int}\, A$ 内,我们可令 $x_1=z,x_2=y$. 否则可把 x_1 去掉,使连接 x,y 的线段减少一条. 继续这样的过程,或是得到满足条件的三个点,或是使连接线段再减少一条. 最后,总能得到上述的 x,y,z. 此外,我们显然还可适当移动 x 或 y,使得 (x,y) 不在 A 中.

现在设 A 的边界落在三角形 $\text{co}\,\{x,y,z\}$ 中的部分为 D,并设 D 的闭凸包 $\overline{\text{co}}D=B$. 则 $B\subset \text{co}\,\{x,y,z\}$. 由命题 19,$B$ 有暴露点 d,且我们还可要求 $d\notin (x,y)$. 同时,由于暴露点一定是端点,根据定理 5,还容易推得一定有 $d\in D$. 最后,不难验证,d 一定是 A 的严格凹点. □

推论(“高于周围=四周鼓起”) 设 $A\subset \mathbf{R}^2$ 为图形. 那么 A 是凸图形的充要条件为它的所有边界点都是凸点.

习 题

1. 证明:对于凸图形来说,严格凸点就是端点.

2. 设 $A\subset \mathbf{R}^2$ 为凸图形,d 为它的边界点. 如果过 d 有两条以上的不同的 A 的承托直线,那么 d 称为 A 的顶点. 试讨论顶点与端点、暴露点间的关系.

3. 证明：对于凸图形来说，其不同承托直线间的最大夹角（取小于 $\pi/2$ 者）超过某固定的 $\delta>0$ 的顶点至多只有有限个.

4. 证明：有界闭凸集的端点集的凸包总是闭的. 由此，Klein-Milman 定理 5 可以改进.

§1.9　数理经济学上的应用

我们从直观的凹凸感觉出发，经过不断的数学抽象和精确化，已经形成了一套有相当规模和深度的数学理论. 对本书的读者来说，如果他是一位初学的数学爱好者，或许他会感到很兴奋，没想到很平常的凹凸感觉，竟能引出这样不寻常的学问来. 但是对于一位对数学无好感的人来说，当他听说直观的凹凸感觉竟然变成一系列不知所云的符号与莫名其妙的推理时，他或许又会认为数学家真是没事找事，非得把人人都“懂”的事搞成玄而又玄的数学游戏.

“数学游戏”确实存在. 就像体育运动能健身那样，数学游戏能健脑. 因此，好的数学游戏就像好的体育运动一样，应该说，几乎人人都需要. 但是绝大部分的数学并不是游戏，而是人类改造世界的工具. 一门数学理论的出发点可能是一些很粗浅的感觉，但当它一旦超越了人们的感觉而揭示出深层的理性认识时，就能转化为巨大的物质力量. 我们不准备在这里论述“大哉！数学之为用”，而只想专门就凸性理论来对此说几句.

凸性理论作为数学的一个专题来说是相当初等的. 但

作为一种几何观念,它并未在初等的几何学中发展起来,因为与三角形、多边形、圆、多面体、球、圆锥等比起来,凸性又显得是高一层次的概念.真正的凸性数学理论的出现还是20世纪初的事.对它贡献最大的是德国数学家H.闵可夫斯基(H. Minkowski,1864—1909).①所谓"凸集承托定理"就是他最早提出的.其研究的出发点或许可看作一种"数学游戏".它叫作"数的几何".这是闵可夫斯基20世纪出版的一本著作的题目.其中研究诸如面积足够大的凸图形中有多少个格点之类的问题.虽然"数的几何"对数论的某些分支的发展曾经有过很大的影响,但毕竟由于用处不大而逐渐被人遗忘.凸性理论也随之被淹没了好几十年,一直到20世纪50年代.

凸性理论重新崛起的最主要的原因是人们开始发现凸性理论并非只是"游戏",而是一种极为有用的工具.当时对凸性理论推动最大的是第二次世界大战前后出现的应用数学新领域:运筹学、控制论、数理经济学等.在这些新领域中出现了一些以前在力学、物理学等应用数学"老"领域中很少遇到的数学问题.其形式虽然也是求函数的最大值、最小值之类,但经典的数学工具很难奏效,因为其中或是涉及的

---

①闵可夫斯基是一位在数学界外也很有名的人物.他当过爱因斯坦的老师,但没有看出爱因斯坦是一个天才学生;爱因斯坦也被他枯燥无味的课所吓跑.然而,他最终又因对爱因斯坦(狭义)相对论给出几何解释而闻名于世.

函数不太“正规”,或是自变量的范围不太“正规”. 例如线性规划就是这类问题之一. 其中被求极值的函数是一次(线性)函数,自变量的变化范围是由“超平面(直线的高维推广)”围成的凸区域. 函数的极值一定在这个凸区域的端点上达到. 经典的微分学在这里无能为力,而凸性理论成了解决这类问题的关键.

我们在这里将举一个数理经济学的例子来具体说明凸性理论在这些新应用数学领域中的作用. 所谓数理经济学就是用数学来研究某些经济学机理的学科. 当然,并不是任何经济学问题都能用数学来研究,但不少只涉及物与物之间关系的经济学问题是可以用数学来解决的.

我们在这里将讨论的是一个生产的产出与其成本的关系问题. 假设有一个企业. 它生产一种产品,而生产这种产品需要两种原料,或者用经济学的术语来说,需要两种投入. 记产品的产出量为 y,而投入量为 $x=(x^1,x^2)$. 后者可以看作一个平面 $\mathbf{R}^2$ 上的向量,不过它的两个分量一般总是非负的. 那么它们间有某种函数关系:

$$y = f(x) = f(x^1, x^2) \tag{46}$$

它的含义是:投入 $x=(x^1,x^2)$,最多可产出 y 来. 这里“最多”两字不能省略,否则不好好组织生产,投入再多还可能生产不出产品来. 这一函数 $f(x)$ 称为生产函数. $f(x^1,x^2)=y$(y 为常数)在 (x^1,x^2)-平面上可画出一条曲线.这条曲线称为等产量曲线,即:在这条曲线上的投入点都能生产出 y 来.

又令

$$V(y)=\{x\in \mathbf{R}^2 \mid f(x)\geqslant y\} \tag{47}$$

它表示需要产出至少为 y 时的应该有的投入量 x 全体.它称为投入需求集.这个集合与生产函数间的关系可以从图 17中看出.其中等产量曲线有大致如图 17 中的 PQ、$P'Q'$那样的形状,并且右上角所指方向是产出增加的方向(例如 $P'Q'$所规定的产出量大于 PQ 所规定的产出量).如果 PQ 的方程为 $f(x^1,x^2)=y$,那么 PQ 以上的点的全体就是集合$V(y)$.

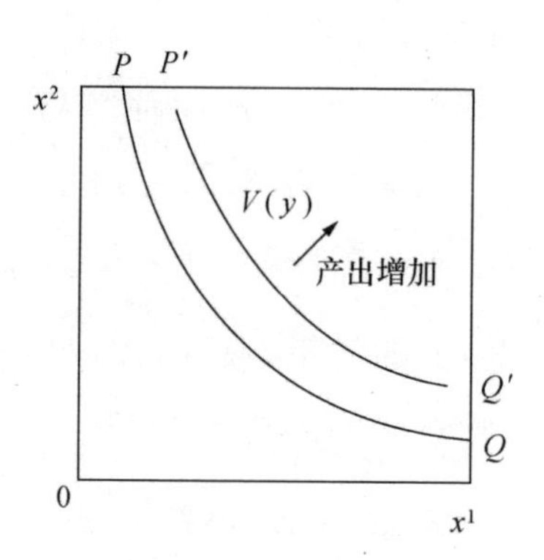

图 17　等产量曲线和投入需求集

我们下面将假设对于任何 y,$V(y)$是闭凸集.这个假设意味着:如果我们用 $x_1=(x_1^1,x_1^2)$和 $x_2=(x_2^1,x_2^2)$都至少能生产出 y 来,那么它们的"凸组合"$x=(1-\lambda)x_1+\lambda x_2$(例

如取 $\lambda=1/2$,意味着对两种投入方式各取一半)也至少能生产出 y 来.同时,如果投入列 $\{x_k\}$ 都至少能生产出 y 来,那么它们的极限投入 $\bar{x}:=\lim\limits_{k\to\infty}x_k$ 也至少能生产出 y 来.不难看出,在一定范围中,这一假设是合理的.为使 $V(y)$ 对于任何 y 都是凸集,自然对函数 $f(x^1,x^2)$ 有一定要求.有这种性质的函数称为**下半连续的拟凹函数**.这里的术语我们在下章中再作进一步说明.图 17 中的生产函数就是下半连续拟凹的.其特点在于等产量曲线都向产出减小的方向鼓出,且等产量曲线就是投入需求集的边界.

现在假设第一种投入的价格为 p^1,第二种投入的价格为 p^2.那么两种价格合在一起也形成一个平面向量 $p=(p^1,p^2)\in\mathbf{R}^2$.这一向量的两个分量一般也应是非负的.于是当投入为 $x=(x^1,x^2)$ 时,生产的成本就应该是

$$p^1x^1+p^2x^2=\langle p,x\rangle$$

即投入向量与价格向量的内积.如果该企业追求的是生产成本最小,那么它为生产出 y 所需的最小成本为

$$c(y,p):=\min_{f(x)\geqslant y}\langle p,x\rangle=\min_{x\in V(y)}\langle p,x\rangle \tag{48}$$

它作为产出 y 和投入价格 p 的函数,称为该企业的**成本函数**.

企业的生产函数和成本函数自然都是衡量企业的生产技术水平的重要依据.由式(48)可知,成本函数可由生产函数来求得.作为理论的出发点,生产函数自然比成本函数更

为重要.然而,对于一个实际企业来说,如果假定它已经处于一种“正常”的力求成本最小的生产状况,成本函数是容易直接从会计的账目上来求出,因为它实际上只需要知道为了产出 y,对某一种生产安排,应该投入多少 $x=(x^1, x^2)$.相反,生产函数却不太容易求出,因为它必须对尽可能多的投入组合 (x^1, x^2)(各种不同的生产安排)来进行试验,才能对生产函数作出估计.现在我们要问,能否由企业的成本函数来得到企业的生产函数.换句话说,我们能否从一种生产安排所获得的数据,来估计出其他生产安排的产出状况.

这个问题无疑是很有实际意义的.但是仅就生产函数与成本函数的关系式(48)来看,实在很难看出这个古怪的“函数方程”如何来解.对于一般情形来说,这是无法求解的.但是如果我们假定生产函数 f 是下半连续拟凹的,或者说,其对应的投入需求集 $V(y)$ 对于任何 y 都是闭凸集,那么这个问题就可以利用我们已知的凸性理论来得到答案.

事实上,由式(48),我们有

$$c(y,p)=\min_{x\in V(y)}\langle p,x\rangle=-\max_{x\in V(y)}\langle -p,x\rangle$$
$$=-\sigma_{V(y)}(-p) \tag{49}$$

而由上节的定理 4,我们可知

$$V(y)=\{x\in \mathbf{R}^2, \mid \forall p\in \mathbf{R}^2, \langle p,x\rangle \leqslant \sigma_{V(y)}(p)\} \tag{50}$$

从而由式(49)和式(50)可得

$$\begin{aligned} V(y) &= \{x \in \mathbf{R}^2 \mid \forall p \in \mathbf{R}^2, \langle -p, x\rangle \leqslant \sigma_{V(y)}(-p)\} \\ &= \{x \in \mathbf{R}^2 \mid \forall p \in \mathbf{R}^2, \langle -p, x\rangle \leqslant -c(p, y)\} \\ &= \{x \in \mathbf{R}^2 \mid \forall p \in \mathbf{R}^2, \langle p, x\rangle \geqslant c(y, p)\} \end{aligned} \tag{51}$$

式(51)说明,$V(y)$是由下列一系列等成本直线所围成的:

$$\langle p, x\rangle = p^1x^1 + p^2x^2 = c(y, p) \tag{52}$$

就如图 18 那样. 其中 AB 就是一条等成本直线. 由此对于固定的 y,我们就可得由成本函数 $c(y,p)$来得出投入需求集 $V(y)$,从而可确定一条产出为 y 的等产量曲线. 再通过变动 y,就可得到所有等产量曲线,以至完全确定生产函数 $f(x)$.

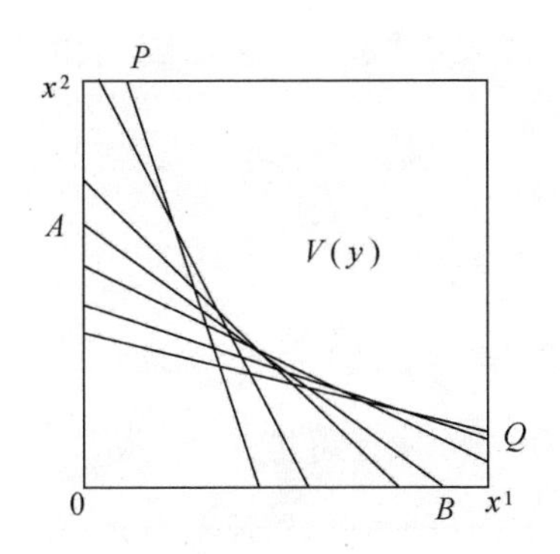

图 18　用等成本直线围成的投入需求集

从经济问题实际出发,式(51)还可表达得更确切些. 引进新的记号:

$\mathbf{R}_+$:非负实数全体;

则

$$\mathbf{R}_+^2 := \{x=(x^1,x^2)\in\mathbf{R}^2 \mid x^1,x^2\in\boldsymbol{R}_+\}$$

通常我们总假定

$$\forall\, y\in\boldsymbol{R}_+,\quad V(y)+\boldsymbol{R}_+^2=V(y)\subset\mathbf{R}_+^2 \tag{53}$$

式(53)的右端的含义是:投入量必须是非负的.而式(53)的左端的含义是:如果投入 $x=(x^1,x^2)\in V(y)$ 能生产出 y 来,且 $z=(z^1,z^2)$ 满足 $z^1\geqslant x^1$ 和 $z^2\geqslant x^2$,即 $z\in x+\mathbf{R}_+^2\subset V(y)+\mathbf{R}_+^2$,那么投入 z 也能生产出 y 来.换句话说,投入增多不会引起产出的减少.这一假定的推论是:如果投入的价格向量 $p\notin\mathbf{R}_+^2$,即其中至少有一项投入的价格是负数,那么对应的成本函数值 $c(y,p)$ 一定是负无限大,即实际上不需要成本,还可"大大收入".这是因为由式(53)可得

$$\begin{aligned} c(y,p) &= \min_{x\in V(y)}\langle p,x\rangle = \min_{x\in V(y)+\mathbf{R}_+^2}\langle p,x\rangle \\ &\leqslant \min_{x_1\in V(y)}\langle p,x_1\rangle + \min_{x_2\in\mathbf{R}_+^2}\langle p,x_2\rangle \\ &= c(p,y)-\infty \end{aligned}$$

这仅当 $c(p,y)$ 为 $-\infty$ 时有可能.

这样一来,在式(51)中就不需要考虑不在 $\mathbf{R}_+^2$ 中的价格,从而可改写为

$$V(y)=\{x\in\mathbf{R}_+^2,\forall\, p\in\mathbf{R}_+^2,\langle p,x\rangle\geqslant c(y,p)\} \tag{54}$$

当然,对一个具体的企业真要用这种方法来求出其生产函数来还会有一定的技术上的困难.同时,生产函数理论

本身也有一定的缺陷. 但是凸性的数学理论在其数量关系的分析中起着本质作用这点是很明显的.

§1.10 对一般情形的推广

本章关于凸性的讨论都是对平面 $\mathbf{R}^2$ 进行的. 这有一个很大的好处. 它在于它像中学的平面几何一样,几乎每一个数学结果都可以在纸上画出直观的几何图像来. 但是现在再回过头来看看我们的讨论,立即可以发现,其中极少用到"空间是二维的"这个性质.

事实上,在§1.4中,所有的定义和命题都对 n 维空间 $\mathbf{R}^n$ 适用. 只是其中的命题2(任何尖凸锥都有包含它的极大尖凸锥)的证明已不太可能再像在 $\mathbf{R}^2$ 的情形中那样,还能给出一个勉强自圆其说的表达. 其实正如我们已经提到的,对于这个命题的证明涉及公理集合论的一个根本问题. 这条称为"选择公理"的公理有点像平面几何中的平行公理. 承认平行公理的几何是欧几里得几何,而不承认它的几何就成了所谓非欧几何. 同样,对于选择公理也是有人承认,有人不承认. 如果承认选择公理,命题2几乎不证自明. 但是如果不承认选择公理,命题2就不成立了. 因此,凸性理论在根本上是需要选择公理作基础的. 深入讨论这些问题未免离题太远. 我们不妨就简单地认为命题2实际上是一条公理. 这条公理的一般形式可以理解为:"大到不能再大的东西总是存在的”. 其否定自然就是“不一定存在”. 这两者的谁是谁非就像欧氏几何与非欧几何那样在逻辑上是无法分辨的.

§1.5 中的所有定义和命题仍都对 $\mathbf{R}^n$ 适用,不过所有“直线”都应该代替为“超平面”. “超平面”是“直线”概念的推广. 三维空间中的超平面就是通常的平面; $\mathbf{R}^n$ 中的超平面是 $(n-1)$ 维的空间. 它们的特点都是能把原来的空间分隔为平直的两部分. 命题 4 的证明中除了需要前面说的命题 2 以外,还需要指出“极大尖凸锥的‘边界’是超平面”,这里的“边界”应该理解为后面所说的“代数边界”. 为指出这点观念上并不难,但要完全表达清楚也不太容易. 有兴趣的读者不妨一试. 这节中的其他定义和命题除了 $\mathbf{R}^2$ 改为 $\mathbf{R}^n$ 外都不用作修改,只是在命题 5 的后半部分的证明中用到了 $\mathbf{R}^2$ 的性质. 对于一般情形,图 10 中的 4 个点有可能不在一个平面上. 但这并不影响证明的完成,因为以下的推理对这 4 个点不在一个平面的情形仍是适用的. 此外,如果我们认为“图形”的概念不一定是二维的,那么“凸图形”的定义 9也不必修改.

§1.6 中的 $\mathbf{R}^2$ 换为 $\mathbf{R}^n$ 毫无问题. 需要注意的只是点 $x \in \mathbf{R}^n$ 的范数 $\| x \|$ 应该理解为

$$\| x \| := ((x^1)^2 + (x^2)^2 + \cdots + (x^n)^2)^{1/2}$$

§1.7 中需要注意的是内积的定义式(20)应被代替为

$$\langle a,b\rangle := x_a^1 x_b^1 + x_a^2 x_b^2 + \cdots + x_a^n x_b^n$$

但式(21)并不需要修改,因为可以在向量 a 和 b 所决定的平面中来考虑问题.这节中的其他地方也只需把"直线"改为"超平面".

然而,§1.8中的结果推广有一定的麻烦.定义23~25、命题18和Klein-Milman定理5对 $\mathbf{R}^n$ 都是适用的.但命题18除了"直线"要改为"超平面"外,证明也需有较大的修改,因为现在的证明只对 $n=2$ 成立.一般情形的证明需要对 n 用数学归纳法,并验证:承托超平面上的 A 的点所形成的有界闭凸集的端点就是 A 的端点.

命题19和定理6在根本上依赖于 $\mathbf{R}^2$ 的性质.也就是说,对于 $\mathbf{R}^n$,$n>2$,它们并不成立.这是因为"D 由直线段组成"的说法在证明中起本质作用.事实上,我们也可以举出反例来说明它们对于二维以上的空间不成立.例如,设 A 是一个像罐头瓶那样的圆柱体.那么在圆柱面上的有界连通闭子集中并不存在暴露点.又如,设 A 为两个半径相同的球在半径的中点处相交而形成的一个几何体.它不是 $\mathbf{R}^3$ 中的凸集,但是它也没有凹点(为什么?),更没有强凹点.尽管如此,"高于周围=四周鼓出"还是成立的,因为我们可以把定理6表达为:

定理6′ 设 $A\subset\mathbf{R}^n$,$n\geqslant 2$ 为一非凸图形.那么存在一个二维平面 H,使得 $A'=A\cap H$ 为二维非凸图形,并且 A'

有强凹点.

这里的 H 一定存在,否则会导出 A 是凸图形.

§1.9 中的结果则可以从“二投入”情形推广到“n 投入”的情形.这个例子也说明“n 维空间”并不神秘.它可以不是现实空间(直观的空间总是三维的)的刻画,而可以是另一些现实数量关系的刻画.这里更一般的推广是“n 投入、m 产出”的情形.这种推广比较复杂.但也可以想象,产出与成本的某种“对偶”关系将仍可用凸性理论来导出.

最后,我们还注意到,本章中有相当多的内容甚至与空间的维数都是无关的.就是说,它们对一般的线性空间或拓扑线性空间也是成立的.这就使得凸性理论的应用范围还可大大扩大.例如,变分学、控制论中的许多问题就可应用“无限维空间”上的凸性理论.不过要在这里讨论这类问题就走得太远了.

此外,我们在本章中的讨论还能给人们在数学学习上的一种启示:对于一个很一般的数学问题,不一定一上来就要对它的一般情形去研究,而可以先研究它的最简单的情形.当最简单的情形搞清楚后,你就会发现一般情形的大部分你也清楚了.这在智力上将会节约许多劳动.如果追求一般性,我们这本小书完全可以一开始就对 $\mathbf{R}^n$ 来讨论.对于有经验的读者来说,这丝毫不会增加他的阅读困难.甚至他仍会把它当作 $n=2$ 来读.但对于初学者来说,他就有可能老感到不可捉摸了.不要说去想象 n 维空间的图像是多么不容易,就是总想象三维空间的图像也会使人很快感到十分疲劳.我们面向的读者是初学者.因此,宁可让有经验的读者感到我们没有必要只取 $n=2$,而让初学者感到容易读.不过我们希望初学者也能逐渐把这样的思考方法变成一条经验,因为目前绝大多数的数学书都是用尽可能一般的形式来写的.当你阅读这种一般形式的书感到困难时,最好的办法就是取一个你完全能把握的最简单的例子,并通过它来理解书中的内容.若干年以前,这种思考方法有一个很流行的名称,那就是所谓“解剖一个麻雀”.

二　凸函数

§2.1　凸函数的定义

我们在上一章中已讨论了凸性的基本特征. 在那里凸性是作为一种几何性质来看待的. 为使凸性理论有更多的应用,我们在本章把凸性与函数概念联系起来,使它能用来刻画变化.

要用几何方法来研究函数,最自然的办法就是给出函数的几何表示,即通过函数的图像来研究函数的性质. 一个单变量函数的图像通常是平面上的一条曲线. 而曲线一般是不会构成一个凸集的,除非这条曲线是直线或直线段. 因此,如果希望通过考察函数的图像是否为凸集来导出函数的性质,那是不可能有多大作为的. 为了能运用凸性理论来研究函数,我们应该设法把函数的图像"加厚",使得原来的图像成为"加厚"过的图像的一部分边界. 这就导致下列概念：

定义 1 设 $f:(a,b)\longrightarrow\mathbf{R}$ 为定义在 $\mathbf{R}$ 中的开区间 $(a,b):=\{x\in\mathbf{R}\mid a<x<b\}$ 上的实值函数，这里 a、b 满足 $-\infty\leqslant a<b\leqslant+\infty$. 下列集合

$$\operatorname{epi} f:=\{(x,\alpha)\in\mathbf{R}^2\mid x\in(a,b),f(x)\leqslant\alpha\}\quad(1)$$

称为函数 f 的**上图**(epigraph①).

如图 19 可以看出，函数的上图就是函数的图像再并上图像上方的所有点.

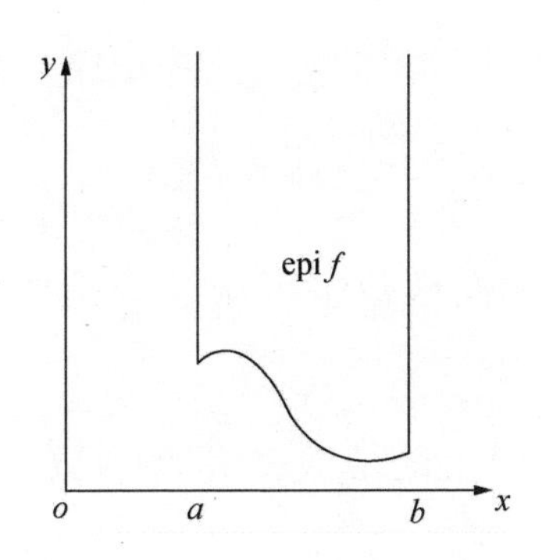

图 19 函数的上图

定义 2 如果函数 $f:(a,b)\longrightarrow R$ 的上图 epi f 是凸集，那么 f 称为(a,b)上的**凸函数**. 如果这时 f 的图像上的点都是 epi f 的严格凸点，那么 f 称为(a,b)上的**严格凸函数**. f 称为(a,b)上的**凹函数**(**严格凹函数**)则是指 $-f$ 是

①epigraph 的原意为建筑物上的铭刻承建人、建筑日期、建筑设计师等的标志，“上图”只是意译.

(a,b)上的凸函数(严格凸函数).

由凸函数的定义尤其可得:函数图像上的两点的连接线段使图像的连接该两点的部分在其下侧(图 20).

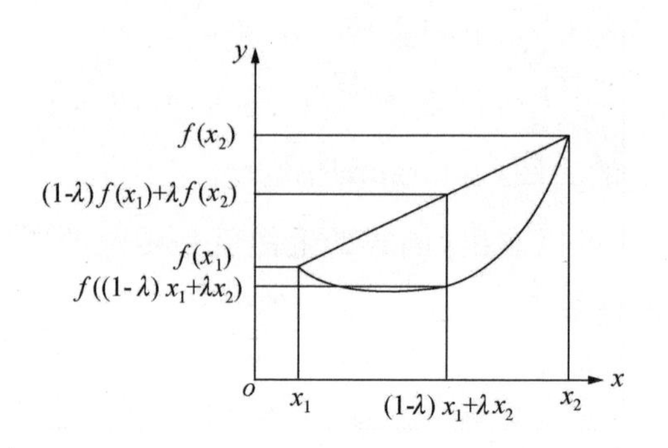

图 20 凸函数

下列命题说明凸函数也可用解析式来定义,而后一定义比前者用得更多.

命题 1 (a,b)上的函数 f 是凸函数(严格凸函数)的充要条件为

$$\forall x_1,x_2 \in (a,b), x_1 \neq x_2, \forall \lambda \in (0,1)$$

$$f((1-\lambda)x_1+\lambda x_2) \leqslant (<) (1-\lambda)f(x_1)+\lambda f(x_2) \quad (2)$$

证明 设 f 是凸函数,即 epi f 是凸集.则对于任何$\lambda \in (0,1)$,(x_1,α_1),$(x_2,\alpha_2) \in$ epi f,有

$$((1-\lambda)x_1+\lambda x_2,(1-\lambda)\alpha_1+\lambda\alpha_2) \in \text{epi } f$$

即

$$f((1-\lambda)x_1+\lambda x_2) \leqslant (1-\lambda)\alpha_1+\lambda\alpha_2$$

由于$(x_1, f(x_1)), (x_2, f(x_2)) \in \text{epi } f$，因此，上式对$\alpha_1 = f(x_1), \alpha_2 = f(x_2)$成立，即式(2)成立.

反之，设 f 满足式(2)，$(x_1, \alpha_1), (x_2, \alpha_2) \in \text{epi } f, \lambda \in (0,1)$. 令

$$w = (1-\lambda)x_1 + \lambda x_2$$

$$t = (1-\lambda)\alpha_1 + \lambda\alpha_2$$

那么由式(2)和上图的定义式(1)，

$$f(w) \leqslant (1-\lambda)f(x_1) + \lambda f(x_2) \leqslant (1-\lambda)\alpha_1 + \lambda\alpha_2 = t$$

因此，$(w,t) \in \text{epi } f$ 由(w,t)的任意性，$\text{epi } f$ 是凸集，即 f 是凸函数.

命题的严格凸部分的证明留给读者作为练习. □

显然，线性函数是凸函数. 仿射函数(一次函数——线性函数与常数之和)也是凸函数. 不难验证，仿射函数的平方，甚至偶次方，也都是凸函数.

由命题 1 可知，凸函数可以有两种定义. 这两种定义都容易推广到定义在任意区间(凸集)上的函数情形. 虽然用不等式来定义凸函数较为直截了当，但是用上图来定义凸函数更有其独到的好处，它在于可把凸函数的概念推广到取广义实值($\mathbf{R} \cup \{\pm\infty\}$)的函数. 对于取广义实值的函数，如果仍用不等式来定义凸函数，会遇到$\infty - \infty$的不定情况. 而用上图来定义就没有这个问题.

容许凸函数取$\pm\infty$以后，我们还可让任何凸集 $K \subset \mathbf{R}$

上的凸函数 f 延拓为整个 $\mathbf{R}$ 上的凸函数,即,令

$$\hat{f}(x)=\begin{cases}f(x) & \text{当 } x\in K\\ +\infty & \text{当 } x\notin K\end{cases}\tag{3}$$

由于 $\hat{f}$ 的上图 $\operatorname{epi}\hat{f}=\operatorname{epi} f$,所以 $\hat{f}$ 也是凸函数. 这样一来,以后我们只需讨论全空间 $\mathbf{R}$ 上的取广义实值的函数. 具体地说,我们可以有以下定义:

定义 3 函数 $f:\boldsymbol{R}\longrightarrow\mathbf{R}\cup\{\pm\infty\}$ 称为 $\mathbf{R}$ 上的**凸函数**,是指其上图

$$\operatorname{epi} f=\{(x,\alpha)\in\mathbf{R}^2 \mid f(x)\leqslant\alpha\}$$

为凸集. 集合

$$\operatorname{dom} f=\{x\in\mathbf{R}\mid f(x)<\infty\}$$

称为 f 的**有效域**. $\operatorname{dom} f\neq\varnothing$,且 f 不取 $-\infty$ 的凸函数称为**真凸函数**.

其实真正有意义的凸函数只是真凸函数(参见习题 2). 不难看出,对于真凸函数来说,它在其有效域中仍然满足凸性不等式(2).

在现在的凸函数的定义下,我们立即可得:

命题 2

1. 设 $f_i,i\in I$ 都是凸函数. 那么它们的**上包络** $f(x)=\sup\limits_{i\in I}f_i(x)$ 也是凸函数.

2. 设 $f_i,i=1,2,\cdots,k$ 都是凸函数,$\lambda_i\geqslant 0,i=1,2,\cdots,k$,那么

$$f(x)=\lambda_1 f_1(x)+\lambda_2 f_2(x)+\cdots+\lambda_k f_k(x)$$

也是凸函数.

这两条性质可看作凸集性质(命题 1.1)的推论. 但为证明性质 1,用凸函数的上图定义较方便(利用函数族的上包络的上图等于该函数族中所有函数的上图的交,参见习题 3),而为证明性质 2,用凸函数的不等式定义较方便. 性质 1 特别可以说明仿射函数族,尤其是线性函数族的上包络是凸函数. 对这后两种函数族的上包络我们还可得到更确切的结论. 为此引入下列定义:

定义 4　函数 $f:\mathbf{R}\longrightarrow\mathbf{R}\cup\{\pm\infty\}$称为**下半连续函数**,是指其上图 epi f 为闭集.

下半连续函数这个名称自然不是偶然的. 习题 3 指出它与通常的连续函数概念间的关系.

与上面一样,利用函数族上包络上图与其构成函数的上图间的关系,我们立即可得:

命题 3　设 $f_i, i\in I$ 都是下半连续函数. 那么它们的上包络 $f(x)=\sup\limits_{i\in I} f_i(x)$也是下半连续函数.

推论　不恒等于$+\infty$的仿射函数族的上包络一定是下半连续真凸函数.

我们以后将证明这个推论的逆也成立(习题 5 是其中的一个特殊情形). 它说明“正规”的凸函数实际上是相当简单的函数.

习 题

1. 证明命题 1 中的严格凸部分.

2. 设 $f:\mathbf{R}\longrightarrow\mathbf{R}\cup\{\pm\infty\}$ 为凸函数，且存在 $x_0\in\mathbf{R}$，使得 $f(x_0)=-\infty$. 证明：f 只可能在其有效域 $\operatorname{dom} f$ 的边界（端点）上取有限实值.

3. 设 $\vec{f}_i:\mathbf{R}\longrightarrow\mathbf{R}\cup\{\pm\infty\}$，$i\in I$ 为一族广义实值函数. $f(x)=\sup\limits_{i\in I}f_i(x)$. 证明：

$$\operatorname{epi} f=\bigcap_{i\in I}\operatorname{epi} f_i$$

4. 设 $f:\mathbf{R}\longrightarrow\mathbf{R}\cup\{\pm\infty\}$ 为广义实值函数. 如果在点 $x_0\in\mathbf{R}$ 处，对于任何 $\varepsilon>0$，存在 $\delta>0$，$c\in\mathbf{R}\cup\{\pm\infty\}$，有

$$|x-x_0|<\delta\Rightarrow f(x)\geqslant f(x_0)-\varepsilon$$

那么称 f 在 x_0 处**下半连续**. 证明：$\operatorname{epi} f$ 为闭集的充要条件是 f 在 $\mathbf{R}$ 的所有点处都下半连续.

5. 设 $f:\mathbf{R}\longrightarrow\mathbf{R}$ 为凸函数. G 表示所有满足

$$\forall x\in\mathbf{R},\quad g(x)\leqslant f(x)$$

的仿射函数 g 全体. 证明：对于任何 $x\in\mathbf{R}$，有 $f(x)=\sup\limits_{g\in G}g(x)$.

§2.2 凸性不等式

利用凸函数的不等式定义和数学归纳法，我们立即可得：如果 $f:(a,b)\longrightarrow\mathbf{R}$ 为凸函数，那么

$$\forall x_1,x_2,\cdots,x_k\in(a,b),$$

$$\forall\lambda_1,\lambda_2,\cdots,\lambda_k\in[0,1],\sum_{i=1}^{k}\lambda_i=1,$$

$$f(\lambda_1 x_1 + \lambda_2 x_2 + \cdots + \lambda_k x_k) \leqslant$$
$$\lambda_1 f(x_1) + \lambda_2 f(x_2) + \cdots + \lambda_k f(x_k) \tag{4}$$

对于凸函数的不等式(4),通常称为 **Jensen** 不等式. J. L. W. V. 延森(J. L. W. V. Jensen,1859—1925)是丹麦数学家,对于凸性理论的形成来说,他在 20 世纪初所提出的这个不等式的作用可以说仅次于闵可夫斯基的凸集承托定理. 我们在下面的讨论中可以看出,初等数学中许多熟知的不等式实际上都是 Jensen 不等式的一种变形.

为了利用 Jensen 不等式,我们首先要给出凸函数的判别法. 一种利用微分法的判别法我们将在下节中给出. 下述的判别法也很实用.

命题 4　设 $f:(a,b)\longrightarrow \mathbf{R}$ 为连续函数. 如果

$$\forall x_1, x_2 \in (a,b), f\left(\frac{x_1+x_2}{2}\right) \leqslant \frac{f(x_1)+f(x_2)}{2} \tag{5}$$

那么 f 是(a,b)上的凸函数.

证明　我们需要证明在命题条件下,式(2)成立. 事实上,对于任何自然数 $k \in \mathbf{N}$,对于任何 $x_1, x_2, \cdots, x_{2^k-1}, x_{2^k} \in (a,b)$,利用不断地把它们拆成两组和式(5),可得下列不等式成立:

$$f\left(\frac{x_1+x_2+\cdots+x_{2^k-1}+x_{2^k}}{2^k}\right)$$
$$\leqslant \frac{f(x_1)+f(x_2)+\cdots+f(x_{2^k-1}+f(x_{2^k}))}{2^k}$$

如果在 $x_1,x_2,\cdots,x_{2^k-1},x_{2^k}$ 中有 m 个等于 x_2，而余下的2^k-m个都等于 x_1，那么上式又变为

$$f\left(\left(1-\frac{m}{2^k}\right)x_1+\frac{m}{2^k}x_2\right)\leqslant\left(1-\frac{m}{2^k}\right)f(x_1)+\frac{m}{2^k}f(x_2)\quad(6)$$

由于任何$(0,1)$中的实数 λ 都可以表示为形为$m/2^k$ 的数列的极限，考虑到 f 是连续函数，式(6)即能导出式(2). □

有了命题 4 后，我们检验一个函数是否是凸函数就方便得多，因为常见的初等函数总是连续函数. 下面我们就利用这点来导出许多常用的不等式.

1. 几何平均值不大于算术平均值.

设 $a>0,a\neq 1$. 考虑指数函数 $y=a^x$. 那么容易看出，

$$\forall x_1,x_2\in\mathbf{R},a^{\frac{x_1+x_2}{2}}\leqslant\frac{a^{x_1}+a^{x_2}}{2}$$

因此，a^x 是凸函数. 从而有

$$\forall x_1,x_2,\cdots,x_k\in\mathbf{R},\forall\lambda_1,\lambda_2,\cdots,\lambda_k\in(0,1),\sum_{i=1}^{k}\lambda_i=1,$$

$$a^{\lambda_1x_1+\lambda_2x_2+\cdots+\lambda_kx_k}\leqslant\lambda_1a^{x_1}+\lambda_2a^{x_2}+\cdots+\lambda_ka^{x_k}\quad(7)$$

令 $\lambda_1=\lambda_2=\cdots=\lambda_k=1/k,a^{x_1}=a_1,a^{x_2}=a_2,\cdots,a^{x_k}=a_k$.
由式(7)我们立即得到

$$\forall a_1,a_2,\cdots,a_k\geqslant 0,\quad(a_1a_2\cdots a_k)^{1/k}\leqslant\frac{a_1+a_2+\cdots+a_k}{k}$$

这就是人们熟知的“几何平均值不大于算术平均值”定理.

2. 算术平均值不大于平方平均值和 Cauchy-Schwartz

不等式.

考虑二次函数 $y=x^2$. 那么容易验证

$$\forall x_1, x_2 \in \mathbf{R}, \quad \left(\frac{x_1+x_2}{2}\right)^2 \leqslant \frac{x_1^2+x_2^2}{2}$$

因此, $y=x^2$ 是凸函数. 从而

$$\forall x_1, x_2, \cdots, x_k \in \mathbf{R}, \forall \lambda_1, \lambda_2, \cdots, \lambda_k \in (0,1), \sum_{i=1}^{k} \lambda_i = 1,$$

$$(\lambda_1 x_1 + \lambda_2 x_2 + \cdots + \lambda_k x_k)^2 \leqslant \lambda_1 x_1^2 + \lambda_2 x_2^2 + \cdots + \lambda_k x_k^2 \tag{8}$$

在式(8)中令 $\lambda_1=\lambda_2=\cdots=\lambda_k=1/k$, 即得

$$\frac{x_1+x_2+\cdots+x_k}{k} \leqslant (x_1^2+x_2^2+\cdots+x_k^2)^{1/2} \tag{9}$$

这就是“算术平均值不大于平方平均值”. 在式(8)中令

$$a_i = x_i/b_i, b_i > 0, \lambda_i = b_i^2 \Big/ \sum_{i=1}^{k} b_i^2,$$
$$i = 1, 2, \cdots, k,$$

那么可得

$$\left(\sum_{i=1}^{k} a_i b_i\right)^2 \leqslant \left(\sum_{i=1}^{k} a_i^2\right)\left(\sum_{i=1}^{k} b_i^2\right)$$

或

$$\sum_{i=1}^{k} a_i b_i \leqslant \left(\sum_{i=1}^{k} a_i^2\right)^{1/2}\left(\sum_{i=1}^{k} b_i^2\right)^{1/2} \tag{10}$$

式(10)就是著名的 **Cauchy - Schwartz 不等式**. 这里的证明虽然要求 $b_i>0, i=1,2,\cdots,k$, 但这一条件显然是不必要

的.从而,采用上一章中的符号,令 $a=(a^1,a^2,\cdots,a^n)$,$b=(b^1,b^2,\cdots,b^n)$,由此可得

$$\langle a,b\rangle \leqslant \|a\|\ \|b\|$$

它正是 §1.7 中提到的 Cauchy - Schwartz 不等式.

更一般地在式(8)中对 $p>1$ 令

$$x_i = a_i/b_i^{1/p-1},b_i > 0,\lambda_i = b_i^{p/p-1}/\sum_{i=1}^{k} b_i^{p/p-1},$$
$$i = 1,2,\cdots,k,$$

那么我们还能得到更一般的 **Cauchy - Hölder** 不等式:

$$\sum_{i=1}^{k} a_i b_i \leqslant (\sum_{i=1}^{k} a_i^p)^{1/p}(\sum_{i=1}^{k} b_i^{p/(p-1)})^{(p-1)/p}$$

3.一般的平均值定理.

如同在上述 2 中那样,如果我们能够对于 $p\geqslant 1$ 证明

$$\forall a_1,a_2 \in \mathbf{R}_+,\left(\frac{a_1+a_2}{2}\right)^p \leqslant \frac{a_1^p+a_2^p}{2} \tag{11}$$

那么我们同样可以有

$$\frac{a_1+a_2+\cdots+a_k}{k} \leqslant \left(\frac{a_1^p+a_2^p+\cdots+a_k^p}{k}\right)^{1/p}$$

它可以称为:算术平均不大于 $p(p\geqslant 1)$次平均.但是式(11)的初等证明并不很容易.我们将在下节指出,用微分法证明函数 $y=x^p(p\geqslant 1)$的凸性是很简单的.

几何平均、算术平均、平方平均,以至一般的 p 次平均的概念还能推广到对一般的连续严格单调函数的平均的概

念. 设 $f:\mathbf{R}_+^* \longrightarrow \mathbf{R}$ 为连续严格单调函数,这里

$\mathbf{R}_+^*$:所有正实数全体.

$R(f):=\{y\in\mathbf{R}_+ \mid \exists x\in\mathbf{R}_+^*, f(x)=y\}$ 为 f 的值域. 由连续函数一定把区间变成区间, $R(f)$ 一定是区间. 因为 f 是连续严格单调函数,所以 f 的反函数 $f^{-1}:R(f)\longrightarrow\mathbf{R}_+$ 一定存在,并且也是连续严格单调函数. 例如,当 $f(x)=x^p$ 时, $f^{-1}(x)=x^{1/p}$;当 $f(x)=\log_a x$ 时, $f^{-1}(x)=a^x$ 等.

定义 5 设 $a_1,a_2,\cdots,a_k\in\mathbf{R}_+^*$, $f:\mathbf{R}_+^*\longrightarrow\mathbf{R}$ 为连续严格单调函数. f^{-1} 为其反函数. 定义

$$M_f(a_1,a_2,\cdots,a_k):=f^{-1}\left(\frac{f(a_1)+f(a_2)+\cdots+f(a_k)}{k}\right) \tag{12}$$

它称为 $a_1,a_2,\cdots,a_k$ 的 f-平均.

不难看出,算术平均就是 $f(x)=x$ 时的 f-平均; p 次平均是 $f(x)=x^p$ 时的 f-平均;几何平均则是 $f(x)=\log x$ 或 $f(x)=\log(1/x)$ 时的 f-平均. $f(x)=1/x$ 时的 f-平均称为调和平均. 后两者也是对于递减函数的平均的例子.

有了一般的 f-平均概念以后,前面讨论的问题现在可以一般化为:对于两个严格单调函数 f 和 g,什么条件下总有 $M_g\leqslant M_f$?

定理 1 设 f,g 为两个 $\mathbf{R}_+^*$ 上的连续严格单调函数,且 f 递增(减),而 g 的值域 $\mathbf{R}(g)=\mathbf{R}_+^*$. 那么对于任何 a_1,

$a_2,\cdots,a_k\in\mathbf{R}_+^*$总有

$$M_g(a_1,a_2,\cdots,a_k)\leqslant M_f(a_1,a_2,\cdots,a_k) \tag{13}$$

的充要条件为$f\circ g^{-1}$在$\mathbf{R}_+^*$上为凸函数,这里$f\circ g^{-1}$表示f与g^{-1}的复合函数.如果不等式(13)中的不等号反向,那么充要条件中的“凸”要改为“凹”.

证明 设$f\circ g^{-1}$为$\mathbf{R}_+^*$上的凸函数,且f递增,其他情形都可类推.那么对于任何$a_1,a_2,\cdots,a_k\in\mathbf{R}_+^*$,有

$$f\circ g^{-1}\left(\sum_{i=1}^{k}a_i/k\right)\leqslant\sum_{i=1}^{k}f\circ g^{-1}(a_i)/k \tag{14}$$

令

$$b_i=g^{-1}(a_i),i=1,2,\cdots,k. \tag{15}$$

因为f是递增的,所以对式(14)的两端取反函数,不等式保持.因此,由式(14)和式(15)可得

$$g^{-1}\left(\sum_{i=1}^{k}g(b_i)/k\right)\leqslant f^{-1}\left(\sum_{i=1}^{k}f(b_i)/k\right) \tag{16}$$

考虑到g实际上建立了$\mathbf{R}_+^*$到$\mathbf{R}_+^*$的一一对应.因此,式(16)可导出对于任何$b_1,b_2,\cdots,b_k\in\mathbf{R}_+^*$,有$M_g(b_1,b_2,\cdots,b_k)\leqslant M_f(b_1,b_2,\cdots,b_k)$.

定理的逆命题部分和其他部分留给读者作为练习.

我们可以看出,前面的有关平均值的结果都是这条定理的特例.即:“几何平均值不大于算术平均值”可由取$f(x)=\log x$和$g(x)=x$而得;“算术平均值不大于平方平均值”可由取$f(x)=x^2$和$g(x)=x$而得.用类似的方法,

我们还可以导得:对于 $p>q>0$,有

$$(\sum_{i=1}^{k} a_i^{-p}/k)^{-1/p} \leqslant (\sum_{i=1}^{k} a_i^{-q}/k)^{-1/q} \leqslant (a_1 a_2 \cdots a_k)^{1/k}$$

$$\leqslant (\sum_{i=1}^{k} a_i^{q}/k)^{1/q} \leqslant (\sum_{i=1}^{k} a_i^{p}/k)^{1/p}$$

此外,我们显然还可把这里的结果再进一步推广到如下的"f-加权平均"情形:

$$M_{f\lambda}(a_1, a_2, \cdots, a_k) := f^{-1}(\lambda_1 f(a_1) + \lambda_2 f(a_2) + \cdots + \lambda_k f(a_k))$$

其中 $\lambda_1, \lambda_2, \cdots, \lambda_k \in \mathbf{R}_+^*$,且 $\sum_{i=1}^{k} \lambda_i = 1$.

习　题

1. 证明:$y = -\sin x$ 在$(0,\pi)$中是凸函数,并由此导出

$$\forall x_1, x_2, \cdots, x_k \in (0,\pi)$$

$$\frac{\sin x_1 + \sin x_2 + \cdots + \sin x_k}{k} \leqslant \sin\left(\frac{x_1 + x_2 + \cdots + x_k}{k}\right)$$

特别是,对于三角形的三个内角 α, β, γ 有

$$\sin\alpha + \sin\beta + \sin\gamma \leqslant \frac{3\sqrt{3}}{2}, \sin\frac{\alpha}{2} + \sin\frac{\beta}{2} + \sin\frac{\gamma}{2} \leqslant \frac{3}{2}.$$

2. 证明:$y = \log(1/\sin x)$ 为$(0,\pi)$上的凸函数,并由此导出

$$\forall x_1, x_2, \cdots, x_k \in (0,\pi),$$

$$\sin x_1 \sin x_2 \cdots \sin x_k \leqslant \sin^k \frac{x_1 + x_2 + \cdots x_k}{k}$$

特别是,如果 α, β, γ 为三角形的三个内角,那么有

$$\sin\alpha\sin\beta\sin\gamma\leqslant\frac{3\sqrt{3}}{8},\sin\frac{\alpha}{2}\sin\frac{\beta}{2}\sin\frac{\gamma}{2}\leqslant\frac{1}{8}.$$

3. 证明:对于任何 $a_i>0,i=1,2,\cdots,k$ 和连续严格单调函数 $f:\mathbf{R}_+^*\to\mathbf{R}$,总有

$$\min_i\{a_i\}\leqslant M_f(a_1,a_2,\cdots,a_k)\leqslant\max_i\{a_i\}$$

4. 设 $A_p(a_1,a_2,\cdots,a_k)$ 为 $a_i>0,i=1,2,\cdots,k$ 的 p 次平均. 证明:

(a) $\lim\limits_{p\to 0}A_p(a_1,a_2,\cdots,a_k)=(a_1a_2\cdots a_k)^{1/k}$;

(b) $\lim\limits_{p\to+\infty}A_p(a_1,a_2,\cdots,a_k)=\max\limits_i\{a_i\}$;

(c) $\lim\limits_{p\to-\infty}A_p(a_1,a_2,\cdots,a_k)=\min\limits_i\{a_i\}$.

§2.3 凸函数的导数性质

在这一节中我们要讨论凸函数的导数性质. 对此,我们将需要用一些最简单的微分学知识.

定义 6 设 $f:(a,b)\to\mathbf{R}$ 为实值函数. $x_0\in(a,b)$. 如果对于 $x\in(a,b)$,有 $x>x_0(x<x_0)$,那么 $f(x)-f(x_0)/(x-x_0)$ 称为**自变量差分为 $|x-x_0|$ 时的 f 的右(左)差商**. 如果当 $x>x_0,x\to x_0$ 时,f 的右差商有极限,那么称 f 在 x_0 处有**右导数**. 它记作

$$f'_+(x_0):=\lim_{\substack{x\to x_0\\x>x_0}}\frac{f(x)-f(x_0)}{x-x_0}\tag{17}$$

类似地也可定义 f 在 x_0 处的左导数. 它记作

$$f'_-(x_0):=\lim_{\substack{x\to x_0\\x<x_0}}\frac{f(x)-f(x_0)}{x-x_0}\tag{18}$$

如果 f 在 x_0 处的左、右导数都存在且相等,那么称 f 在 x_0

处的(一阶)导数存在. 它记作 $f'(x_0)=f'_+(x_0)=f'_-(x_0)$. 如果 f 在(a,b)上处处有导数,那么称 f 为(a,b)上的**可导函数**(或**可微函数**). (a,b)上的可导函数 f 在各点上的导数构成的函数称为 f 的**导函数**. 导函数在各点上的导数称为 f 在对应点上的**二阶导数**. f 在 x_0 处的二阶导数记作 $f''(x_0)$.

不难看出,如果函数 f 在 x_0 处的左、右导数都存在,那么 f 也在 x_0 处连续.

命题 5　f 为(a,b)上的凸函数等价于下列条件中的任何一个:

(i)　$\forall x_1,x_2\in(a,b),x_2>x_1,\forall x_0\in(x_1,x_2)$,

$$\frac{f(x_1)-f(x_0)}{x_1-x_0}\leqslant\frac{f(x_2)-f(x_0)}{x_2-x_0}$$

即对于任何 $x_0\in(a,b)$来说,f 在 x_0 处的左差商不大于右差商.

(ii)　$\forall x_1,x_2\in(a,b),x_2>x_1,\forall x_0\in(x_1,x_2)$,

$$\frac{f(x_2)-f(x_1)}{x_2-x_1}\leqslant\frac{f(x_0)-f(x_1)}{x_0-x_1}$$

即对于任何 $x_1\in(a,b)$,f 在 x_1 处的右差商当自变量差分减小时不增.

(iii)　$\forall x_1,x_2\in(a,b),x_2>x_1,\forall x_0\in(x_1,x_2)$,

$$\frac{f(x_1)-f(x_2)}{x_1-x_2}\leqslant\frac{f(x_0)-f(x_2)}{x_0-x_2}$$

即对于任何 $x_2\in(a,b)$，f 在 x_2 处的左差商当自变量差分减小时不减.

(iv) $\dfrac{f(y)-f(x)}{y-x}$，$y\neq x$，对 x 和对 y 都是不减函数.

证明　设 $x_0=(1-\lambda)x_1+\lambda x_2$，$\lambda\in(0,1)$，那么(i)等价于

$$\frac{f(x_1)-f(x_0)}{\lambda(x_1-x_2)}\leqslant\frac{f(x_2)-f(x_0)}{(1-\lambda)(x_2-x_1)}$$

即

$$\begin{aligned}f(x)&=f((1-\lambda)x_1+\lambda x_2)\\&\leqslant(1-\lambda)f(x_1)+\lambda f(x_2)\end{aligned}$$

(ii)(iii)的证明类似.(iv)不过是(i)～(iii)的一种统一的说法. □

上述命题的几何意义可从图 21 中看出.

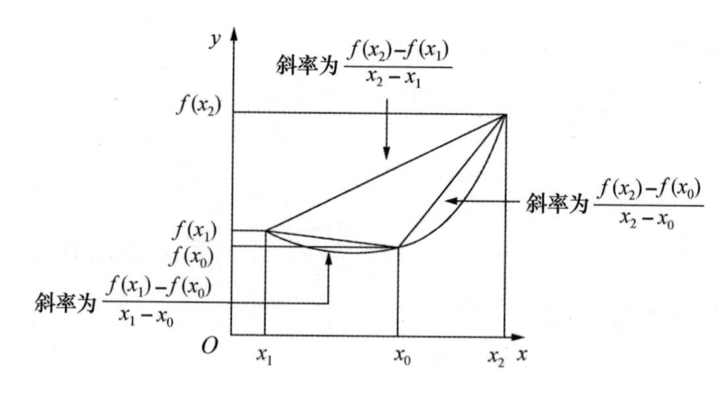

图 21　凸函数差商的性质

命题 6　设 f 为(a,b)上的凸函数.那么 f 在(a,b)上处处左右可导,从而处处连续.同时,其左、右导数 f'_-、f'_+ 满足:

$$\forall x_1,x_2\in(a,b),x_1<x_2,$$

$$f'_-(x_1)\leqslant f'_+(x_1)\leqslant\frac{f(x_2)-f(x_1)}{x_2-x_1}$$

$$\leqslant f'_-(x_2)\leqslant f'_+(x_2)\tag{19}$$

证明　事实上由命题 5 之(iv)可知,当 $x>x_2>x_1$ 时,有

$$f'_+(x_2)=\lim_{\substack{x\to x_2\\x>x_2}}\frac{f(x)-f(x_2)}{x-x_2}$$

$$=\inf_{x>x_2}\frac{f(x)-f(x_2)}{x-x_2}\geqslant\frac{f(x_2)-f(x_1)}{x_2-x_1}$$

即 $f'_+(x_2)$作为单调有界函数的极限而存在.由 x_2 的任意性,从而 f'_+ 在(a,b)上处处存在.同样,当 $x<x_1<x_2$ 时,有

$$f'_-(x_1)=\lim_{\substack{x\to x_1\\x<x_1}}\frac{f(x)-f(x_1)}{x-x_1}$$

$$=\sup_{x<x_1}\frac{f(x)-f(x_1)}{x-x_1}\leqslant\frac{f(x_2)-f(x_1)}{x_2-x_1}$$

也可得 f'_- 在(a,b)上处处存在.再由命题 5 的(iv)可得式(19)成立.　□

命题 6 实际上也是 f 在(a,b)上为凸函数的充分必要条件.但其充分性的证明有点难(参见习题 1～3),我们只

指出下列较弱的结果.

定理 2　设 f 为 (a,b) 上的可导函数. 那么 f 为 (a,b) 上的凸函数的充要条件为其导函数 f' 在 (a,b) 上不减. 特别是,当 f 二阶可导时, f 为 (a,b) 上的凸函数的充要条件为其二阶导数 $f''(x)\geqslant 0$ 在 (a,b) 上总成立.

证明　必要性是命题 6 的结果. 反之,由中值定理可得

$$\forall x_1,x_2\in(a,b),x_1<x_2,\forall x\in(x_1,x_2)$$

$$\exists \xi_1\in(x_1,x),\xi_2\in(x,x_2),$$

$$\frac{f(x_1)-f(x)}{x_1-x}=f'(\xi_1),\frac{f(x_2)-f(x)}{x_2-x}=f'(\xi_2)$$

由假设 $f'(\xi_1)\leqslant f'(\xi_2)$,再由命题 5 之(i)知, f 是凸函数.

□

定理 2 给出一条很简单的可导函数(尤其是二阶可导函数)的凸性判别法. 例如,对于函数 $y=x^p$,我们知道它的一阶导数为 $y'=px^{p-1}$,二阶导数为 $y''=p(p-1)x^{p-2}$. 由定理 2 立即可得:当 $p\geqslant 1$ 时, x^p 是 $\mathbf{R}_+^*$ 上的凸函数;而当 $p<1$ 时, x^p 是 $\mathbf{R}_+^*$ 上的凹函数. 又如,对于可定义在 $(0,\pi)$ 上的函数 $y=\log(1/\sin x)$. 其一阶导数为 $y'=-\cot x$,其二阶导数为 $y''=1/\sin^2 x$. 因此, $y=\log(1/\sin x)$ 为 $(0,\pi)$ 上的凸函数.

下面我们指出,对于凸函数的在一点上的左、右导数所形成的闭区间有一个有趣性质.

命题 7 设 f 为 (a,b) 上的凸函数. $x_0\in(a,b)$. 那么 $\alpha\in[f'_-(x_0),f'_+(x_0)]$ 的充要条件为

$$\forall x\in(a,b),f(x)-f(x_0)\geqslant\alpha(x-x_0)$$

证明 设 $\alpha\in[f'_-(x_0),f'_+(x_0)]$. 则由命题 6 可得，当 $x>x_0$ 时有

$$\frac{f(x)-f(x_0)}{x-x_0}\geqslant f'_+(x_0)\geqslant\alpha;$$

当 $x<x_0$ 时，有

$$\frac{f(x)-f(x_0)}{x-x_0}\leqslant f'_-(x_0)\leqslant\alpha$$

反之，设 f 满足命题中的不等式. 则同样由命题 6 可得

$$f'_+(x_0)=\inf_{x>x_0}\frac{f(x)-f(x_0)}{x-x_0}\geqslant\alpha$$
$$\geqslant f'_-(x_0)=\sup_{x<x_0}\frac{f(x)-f(x_0)}{x-x_0}\qquad\square$$

推论 设 f 为 (a,b) 上的凸函数，那么 f 在 $x_0\in(a,b)$ 上达到最小值的充要条件为

$$0\in[f'_-(x_0),f'_+(x_0)]$$

学过一点微分学的读者都知道，如果一个 (a,b) 上的可导函数 f 在点 $x_0\in(a,b)$ 一个邻域内达到该邻域中的最大值或最小值，那么必定有 $f'(x_0)=0$. 换句话说，$f'(x_0)=0$ 为 f 在 x_0 处达到局部极值的必要条件. 而命题 7 及其推论告诉我们，对于凸函数，即使是对于不是处处可导的凸函数

来说，我们能有强得多的结果；即一点上的导数为零，或者更一般的左、右导数区间包含零是凸函数在该点上达到整体最小值的充要条件. 由此尤其可以导得：开区间上的非常数可导凸函数不可能有局部最大值. 这一结论也容易对一般的凸函数来证明(参见习题 5).

由于凸函数的左、右导数区间的重要性，我们给出下列定义：

定义 7　设 f 为(a,b)上的凸函数. 记

$$\begin{aligned}\partial f(x) &= \{\alpha \in \mathbf{R} \mid \forall y \in (a,b), f(y)-f(x) \geqslant \alpha(y-x)\} \\ &= [f'_-(x), f'_+(x)]\end{aligned}$$

它称为 f 在 x 上的**次微分**.

∂f 不一定是一个单值函数，而是每个 x 对应 $\mathbf{R}$ 的一个集合. 这种类型的对应称为集值映射. f 的可导点就对应次微分退化为单点集的点. 一般则有$\partial f(x)$是 f 的上图 $\mathrm{epi}\, f$ 在点$(x,f(x))$处的承托直线的斜率全体. 这里承托直线代替了可导情形的切线.

次微分是 20 世纪 60 年代中才出现的一个新概念. 它及其有关研究的出现标志着一个新的数学分支——**凸分析**的形成. 凸分析利用凸性理论来处理一些在运筹学、控制论、数理经济学等学科中出现的不可导函数的最优化问题. 相当有成效. 到了 20 世纪 70 年代，为了扩大凸分析的研究范围，凸分析又被发展为**非凸分析**. 后来人们又把它们统称

为**非光滑分析**.最近,这方面的专家又倾向于把这个新分支称为**集值分析**,因为他们认为该分支与以往的数学的本质不同在于:要对次微分那样的集值映射给出如经典的数学分析那样的深刻描述.集值分析这一名称在文献上出现至今还不到5年.①它将是有待人们去进一步开拓的一片数学新天地.

最后,我们利用函数的导数来讨论上节中的 f-平均问题.我们有如下一般的定理:

定理3　设 f 和 g 都是 $\mathbf{R}_+^*$ 上的二阶可导函数,且它们的一阶导函数 f' 和 g' 恒大于零以及 g 的值域是 $\mathbf{R}_+^*$.那么,对于任何 $a_1,a_2,\cdots,a_k\in\mathbf{R}_+^*$,都有

$$M_g(a_1,a_2,\cdots,a_k)\leqslant M_f(a_1,a_2,\cdots,a_k)$$

的充要条件为

$$\forall x\in\mathbf{R}_+^*,\frac{g''(x)}{g'(x)}\leqslant\frac{f''(x)}{f'(x)}\tag{20}$$

证明　因为 f' 和 g' 恒大于零,所以它们都一定是严格递增函数.从而都符合可求平均的函数条件.再由定理1,问题归结为式(20)等价于 $F=f\cdot g^{-1}$ 是 $\mathbf{R}_+^*$ 上的凸函数.而由定理2,它又等价于

$$\forall y\in\mathbf{R}_+^*,F'(y)=(f\circ g^{-1})'(y)\tag{21}$$

① 本书写作于1990年.

不减，令 $y=g(x)$. 利用复合函数和反函数的求导法则，我们知道，

$$F'(y)=\frac{\mathrm{d}F(y)}{\mathrm{d}x}\frac{\mathrm{d}x}{\mathrm{d}y}=\frac{\mathrm{d}f(x)}{\mathrm{d}x}\frac{\mathrm{d}x}{\mathrm{d}y}=\frac{f'(x)}{g'(x)}$$

由于 g 建立了 $\mathbf{R}_+^*$ 与 $\mathbf{R}_+^*$ 之间的连续递增的一一对应，$F'(y)$ 对于 $y=g(x)$ 不减等价于 $f'(x)/g'(x)$ 对于 x 不减. 而后者又等价于 f'/g' 的导数 $(f'/g')'(x)\geqslant 0$，即

$$\forall\, x\in\mathbf{R}_+^*,\ \left(\frac{f'}{g'}\right)'(x)=\frac{f''(x)g'(x)-g''(x)f'(x)}{g'^2(x)}\geqslant 0 \tag{22}$$

显然，式(22)等价于式(20). □

这条定理对于没有学过微分学的读者会感到困难. 而对于学过微分学的读者则会发现证明中颇有一番巧思. 它对于体会求函数的导数运算法则以及函数的增减与函数的导数间的关系很有好处.

有了这条定理后，我们来比较两种不同的函数平均就变得十分容易. 例如，对于函数 $y=x^p$，$y''/y'=(p-1)/x$. 它显然随着 $p\in\mathbf{R}$ 的递增而递增. 从而对应的 M_{x^p} 也随着 p（可以是负的）的增加而增加. 又如，对应几何平均的函数是 $y=\log x$. 对于它的 $y''/y'=-1/x$，恰好相当于对于 x^p 的 $p=0$ 的情况. 这样，在上节末导得的关于平均值的不等式可由定理 3 立即得到.

定理 3 在数学界似乎并不为人们所熟知. 但是用 y''/y' 来作为对一个函数的平均值的某种度量在数理经济学界却是经典的. 这就是所谓 **Arrow[①]-Pratt 风险厌恶度量**. 不过在经济学讨论中所涉及的通常是一个称为期望效用函数的严格递增的二次可导凹函数 $u=u(x)$. 从而用 $r_u:=-u''/u'\geqslant 0$来刻画它更好. 后者就是 Arrow-Pratt 风险厌恶度量.

期望效用函数是用来描述人们在有风险的环境下的经济行为的量. 假设自变量 x 是经济活动者获利的大小. 一种理论认为,在有风险的情况下,人们并不单纯追求 x 的最大,而是追求一个与他的主观判断有关的期望效用函数 $u=u(x)$的最大来决策的. 这个函数有这样的特点:如果有一个随机事件使获利为 x_1 和获利为 x_2 发生的概率各为 1/2,那么对于这个随机事件的期望效用为$[u(x_1)+u(x_2)]/2$. 对于某人来说,如果其 Arrow-Pratt 风险厌恶度量 r_{u_0} 为零,则其期望效用函数应该是仿射函数 $u_0(x)=\alpha x+\beta$,从而有

$$\frac{u_0(x_1)+u_0(x_2)}{2}=u_0\left(\frac{x_1+x_2}{2}\right) \tag{23}$$

如果 $r_{u_1}>0$,根据定理 3 的讨论,则我们有

①K. J. 阿罗(K. J. Arrow,1921—2017),美国经济学家,1972 年诺贝尔经济学奖金获得者.

$$u_1^{-1}\left(\frac{u_1(x_1)+u_1(x_2)}{2}\right)<\frac{x_1+x_2}{2}$$

或

$$\frac{u_1(x_1)+u_1(x_2)}{2}<u_1\left(\frac{x_1+x_2}{2}\right) \tag{24}$$

而当 $r_{u_2}<0$ 时不等号转向，这里相当于对函数的凹凸的判别.

$r_{u_0}=0$ 的经济活动者称为对风险无所谓者，因为由式(23)可知，此人对该随机事件的态度与对待获期望值(平均值)的确定事件的态度一样. $r_{u_1}>0$ 的经济活动者称为对风险惧怕者，因为由式(24)可知，此人对该随机事件的态度不如对获得期望值的确定事件的态度好；这也可理解为他实际上把该随机事件看作获利少的可能更大些. $r_{u_2}<0$ 的经济活动者则称为对风险爱好者，即他更偏向于获利多的可能. 总的来说 Arrow-Pratt 风险厌恶度量就成为人们对风险厌恶程度的刻画.

虽然 Arrow-Pratt 风险厌恶度量已为数理经济学家所熟知，有趣的是，他们似乎不太知道我们这里的定理 3，而常常去寻求复杂得多的经济学解释.

习　题

1. 设 $f:(a,b)\to\mathbf{R}$ 连续，且在(a,b)上处处有右导数 $f_+(x)\geqslant 0$. 证明：f

在(a,b)上递增.

2. 设 $f:(a,b)\to\mathbf{R}$ 连续,且在(a,b)上处处有右导数 f_+. 证明:

$$\forall x_1,x_2\in(a,b),\ \inf_{x\in(x_1,x_2)} f_+(x)\leqslant\frac{f(x_2)-f(x_1)}{x_2-x_1}\leqslant\sup_{x\in(x_1,x_2)} f_+(x)$$

3. 设 $f:(a,b)\to\mathbf{R}$ 连续,且其左右导数处处存在. 证明:如果

$$\forall x_1,x_2\in(a,b),x_2>x_1,$$

$$f'_-(x_1)\leqslant f'_+(x_1)\leqslant\frac{f(x_2)-f(x_1)}{x_2-x_1}\leqslant f'_-(x_2)\leqslant f'_+(x_1),$$

那么 f 为(a,b)上的凸函数.

4. 验证下列函数是 $\mathbf{R}$ 上的凸函数,并求出其各点上的次微分:

(a)$x^2+|x|+1$;

(b)$|x|^p/p,p\geqslant1$;

(c)$|x|+|x-a|$;

(d)$||x|-1|$.

5. 设 $f:(a,b)\to\mathbf{R}$ 为(a,b)上的凸函数,且它在 $x_0\in(a,b)$处达到最大值. 证明:f 在(a,b)上是常数.

6. 设 f 和 g 为两个 $\mathbf{R}_+^*$ 上的二阶可导函数,且它们的一阶导数恒不为零. 证明:如果

$$\forall x\in\mathbf{R}_+^*,\frac{f''(x)}{f'(x)}=\frac{g''(x)}{g'(x)}$$

那么存在常数 α,β,使得 $f=\alpha g+\beta$.

§2.4　凸函数的次微分和共轭函数

我们在上节中讨论的凸函数的性质都是对开区间上的

实值凸函数而言的. 现在我们要在此基础上对一般的全空间 $\mathbf{R}$ 上的取广义实值的凸函数来进行讨论. 首先我们可以注意到,命题 6 现在可以改述为:

命题 6′ 设 $f:\mathbf{R}\to\mathbf{R}\cup\{+\infty\}$ 为真凸函数. 那么 f 在其有效域的内部 int dom f 处处左右可导,从而处处连续. 同时,其左、右导数 f'_-、f'_+ 满足:

$$\forall x_1, x_2 \in \text{int dom } f, x_1 < x_2,$$

$$f'_-(x_1) \leqslant f'_+(x_1) \leqslant \frac{f(x_2)-f(x_1)}{x_2-x_1} \leqslant f'_-(x_2) \leqslant f'_+(x_2) \tag{25}$$

我们不能把这里的 int dom f 代替为 dom f. 这是因为在有效域的边界点上,f 在其一边取有限值,而在其另一边则取无限值,所以在这样的点上不可能是连续的. 然而,我们能否肯定,在有效域的边界点上,它有左导数或右导数呢? 一般来说,这也是不成立的. 例如,

$$f(x)=\begin{cases}0 & |x|<1\\ 1 & |x|=1\\ +\infty & |x|>1\end{cases} \tag{26}$$

是一个真凸函数. 但它在其有效域的边界上的函数值有一个跳跃,从而不可能有左或右导数.

这样一来,对于一般的 $\mathbf{R}$ 上的真凸函数,我们不能再用定义 7 的后半部分来定义次微分,而只能把前半部分推

广如下：

定义 7′　设 $f:\mathbf{R}\to\mathbf{R}\cup\{+\infty\}$ 为任意广义实值函数. 记

$$\partial f(x)=\{\alpha\in\mathbf{R}\mid \forall y\in\mathbf{R}, f(y)-f(x)\geqslant\alpha(y-x)\} \tag{27}$$

它称为 f 在 x 上的**次微分**. 如果 f 在 $x_0\in\mathbf{R}$ 处有 $\partial f(x_0)\neq\varnothing$，那么 x_0 称为 f 的**次可微点**.

在这个定义中，次微分虽然不再被定义为一个闭区间，但它显然是一个闭凸集，从而仍然是一个闭区间. 不过，在目前的情况下，这个区间不一定再是有限的. 有时它可能是无限的. 例如，对于函数

$$f(x):=\begin{cases}0 & x\geqslant 0\\ +\infty & x<0\end{cases} \tag{28}$$

容易验证，$\partial f(0)=(-\infty,0]$.

我们还可以注意到，这个定义不但已失去了微分学的色彩，而且可以适用于任意的不取 $-\infty$ 的广义实值函数. 在这种情况下，命题 7 的推论的一般化：

f 在 $x_0\in\mathbf{R}$ 处达到最小值等价于 $0\in\partial f(x_0)$

变成了理所当然的事.

由定义 7′可知，如果 f 不恒为 $+\infty$，那么当 $f(x_0)=+\infty$ 时，必定有 $\partial f(x_0)=\varnothing$. 因此，如果 x_0 为 f 的次可微点，那么 f 在 x_0 处的值一定有限，即 $x_0\in\operatorname{dom} f$. 然而，是

否 dom f 中的点都是次可微点呢？我们下面就来讨论这个问题.

我们已经知道，当 f 是真凸函数时，f 的有效域内部 int dom f 中的点都是次可微点. 其次微分就是 f 在该点上的左、右导数区间. 问题在于有效域的边界点. 为此，我们再来考察一下次微分的几何意义. 事实上，从几何上来看，定义 7′说明，$\alpha\in\partial f(x_0)$ 是指函数 f 的图像始终在仿射函数 $g(x)=\alpha(x-x_0)+f(x_0)$ 的图像之上，并且它们相交于点 $(x_0,f(x_0))$ 处. 换句话说，作为仿射函数 g 的图像的直线是 f 的上图 epi f 的承托直线（图 22）. 而次微分中的元素 α 就是这条直线的斜率. 但为了使这条直线有斜率可言，它不能是垂直的.

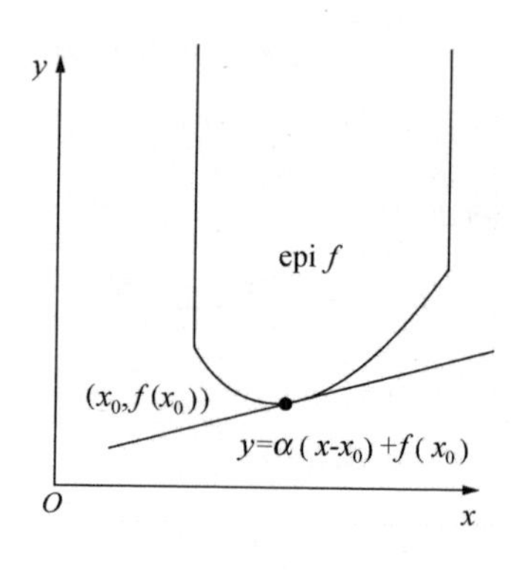

图 22　凸函数的次微分

因此，虽然真凸函数 f 的上图 epi f 总是凸集，f 的图像上的点总是 epi f 的边界点，从而由凸集承托定理，epi f 在 f 的图像上的任何点上总有承托直线，但是这条直线却有可能是垂直的. 函数(26)就是这样的例子. 它在其图像上有一条垂直承托直线. 对于非凸函数则连前一结论也不一定有. 由此也可以看出，次微分这个概念实际上仅对真凸函数才有意义.

与次微分概念紧密相连的是共轭函数的概念.

定义 8　设 $f:\mathbf{R}\to\mathbf{R}\cup\{+\infty\}$ 为任意函数. dom $f:=\{x\in\mathbf{R}\mid f(x)<+\infty\}$. 定义 $f^*:\mathbf{R}\to\mathbf{R}\cup\{+\infty\}$ 为

$$f^*(p)=\sup_{x\in\mathbf{R}}\{px-f(x)\} \tag{29}$$

它称为 f 的**共轭函数**. 又定义

$$f^{**}(x):=\sup_{p\in\mathbf{R}}\{px-f^*(p)\} \tag{30}$$

它称为 f 的**二次共轭函数**.

作为 p 的函数, $px-f(x)$ 是仿射函数. 因此, 由命题 3 的推论, 作为 p 的仿射函数的上包络、且不可能恒为 $+\infty$ (为什么?)的 f^* 一定是下半连续真凸函数. 同样, f^{**} 也一定是下半连续真凸函数.

由共轭函数的定义式(29)立即可得显然的不等式

$$\forall x,p\in\mathbf{R}, f(x)+f^*(p)\geqslant px \tag{31}$$

这个不等式常被称为 **Young 不等式**, 因为英国数学家 W. H. 杨格(W. H. Young, 1863—1942)以前发现的一系列不等式都可归结为这种形式.

此外, 我们由 Young 不等式还可得到

$$\forall x\in\mathbf{R}, f(x)\geqslant\sup_{p\in\mathbf{R}}\{px-f^*(p)\}=f^{**}(x) \tag{32}$$

共轭函数的概念可以追溯到 19 世纪的法国数学家 A. M. 勒让德(A. M. Legendre, 1752—1833)的力学研究. 在今天的分析力学教科书中, 我们仍可看到把速度转换为动量的

变换称为 Legendre 变换. 其实那就是一种把 f 变为 f^* 的变换. 后来又不断有一些数学家运用类似的观念. 最后,到了 1949 年,共轭函数的概念才在丹麦数学家 W. 芬切尔(W. Fenchel)的论文中正式形成.

我们不准备说明共轭函数在力学上的意义. 因为那会涉及过多的力学知识. 但是我们可以对共轭函数给出其经济学解释. 这种解释较容易理解.

经济学解释之一　设 x 为生产的产出量,p 为产出的价格. $f(x)$是产出为 x 时所需的成本. 那么,px 就是卖出 x 时所得的收入(产值),$px-f(x)$就是企业生产销售 x 后所得的利润. 而 $f^*(p)=\sup\limits_{x\in\mathbf{R}}\{px-f(x)\}$就是在产出价格为 p 时可能有的最大利润. □

经济学解释之二　设 x 为生产的投入量,p 为投入价格. $f(x)$是投入为 x 时的产值(生产函数). 那么 $f(x)-px$ 是产出价格为 p 时的利润. $g(p)=\sup\limits_{x\in\mathbf{R}}\{f(x)-px\}$是投入价格为 p 时的最大利润. 而

$$(-f)^*(-p)=\sup_{x\in\mathbf{R}}\{-px-(-f)(x)\}=g(p)$$

它也可表达为共轭函数的形式. □

这两个经济学解释都说明共轭函数的概念是很有用的. 尤其是我们下面将证明:当 f 为下半连续的真凸函数时,有 $f=f^{**}$. 从而使共轭函数的概念更使人值得玩味. 联系上面两个经济学解释,我们可以说,在一定的条件下,

成本和利润、产出和利润之间都有一种对偶关系.

下面我们对一些具体的函数来求出它们的共轭函数，并写出其有关的 Young 不等式.

例 1　$f(x)=\alpha x+\beta,\alpha\neq 0$. 则

$$f^*(p)=\sup_{x\in\mathbf{R}}\{px-\alpha x-\beta\}=\begin{cases}-\beta & p=\alpha\\ +\infty & p\neq\alpha\end{cases}$$

$$f^{**}(x)=\sup_{p\in\mathbf{R}}\{px-f^*(p)\}=\alpha x+\beta$$

相应的 Young 不等式当 $p=\alpha$ 时为恒等式 $\alpha x=\alpha x$；当 $p\neq\alpha$ 时是无意义的 $+\infty\geqslant px$.

例 2　$f(x)=x^2/2$. 则

$$f^*(p)=\sup_{x\in\mathbf{R}}\left\{px-\frac{x^2}{2}\right\}=\frac{p^2}{2}$$

$$f^{**}(x)=\sup_{p\in\mathbf{R}}\left\{px-\frac{p^2}{2}\right\}=\frac{x^2}{2}$$

对于一般的 $f(x)=|x|^\alpha/\alpha,\alpha>1$，设 $\hat{x}>0$ 满足

$$p\hat{x}-\frac{\hat{x}^\alpha}{\alpha}=\sup_{x\in\mathbf{R}}\left\{px-\frac{|x|^\alpha}{\alpha}\right\}$$

那么 $\hat{x}$ 应该是下列方程的解：

$$\left(px-\frac{x^\alpha}{\alpha}\right)'\bigg|_{x=\hat{x}}=0$$

即

$$p=\hat{x}^{\alpha-1}$$

或

$$\hat{x}=p^{1/(\alpha-1)}$$

因此

$$f^{*}(p)=p\hat{x}-\frac{\hat{x}^{\alpha}}{\alpha}=\frac{\alpha-1}{\alpha}p^{\alpha/(\alpha-1)}$$

但这只适用于 $p>0$ 的情形.一般情况应该为

$$f^{*}(p)=\frac{|p|^{\beta}}{\beta},\quad f^{**}(x)=\frac{|x|^{\alpha}}{\alpha},\quad \frac{1}{\alpha}+\frac{1}{\beta}=1$$

相应的 Young 不等式为

$$\forall x,p\in\mathbf{R},\frac{x^{\alpha}}{\alpha}+\frac{p^{\beta}}{\beta}\geqslant px$$

它的更常见的形式为

$$\forall a,b\geqslant 0,\frac{a^{p}}{p}+\frac{b^{q}}{q}\geqslant ab,p,q>1,\frac{1}{p}+\frac{1}{q}=1 \quad (33)$$

它也常被称作 Young 不等式.

如果在式(33)中,令

$$a_i,b_i\in\mathbf{R},i=1,2,\cdots,k;A=\Big(\sum_{i=1}^{k}|a_i|^{p}\Big)^{1/p}$$

$$B=\Big(\sum_{i=1}^{k}|b_i|^{q}\Big)^{1/q}$$

$$a=\frac{|a_i|}{A},b=\frac{|b_i|}{B},i=1,2,\cdots,k$$

那么,把 k 个不等式相加,我们得到

$$1=\frac{1}{p}\frac{\sum_{i=1}^{k}|a_i|^{p}}{A^{p}}+\frac{1}{q}\frac{\sum_{i=1}^{k}|b_i|^{q}}{B^{q}}\geqslant\frac{\sum_{i=1}^{k}a_ib_i}{AB}$$

因此

$$\sum_{i=1}^{k} a_i b_i \leqslant \left(\sum_{i=1}^{k} |a_i|^p\right)^{1/p} \left(\sum_{i=1}^{k} |b_i|^q\right)^{1/q}$$

这个不等式就是我们在 §2.2 中遇到过的 Cauchy-Hölder 不等式.

例 3
$$f(x)=\begin{cases}0 & |x|\leqslant 1\\ +\infty & |x|>1\end{cases}$$

则
$$f^*(p)=\sup_{|x|\leqslant 1}\{px\}=|p|$$

$$f^{**}(x)=\sup_{p\in\mathbf{R}}\{px-|p|\}=f(x)$$

相应的 Young 不等式为

$$\forall x \in B:=\{x\in\mathbf{R} \mid |x|\leqslant 1\},\ |p|\geqslant px$$

它无非就是 Cauchy-Schwartz 不等式.

例 4　$f(x)=\mathrm{e}^x$. 这时设 $\hat{x}$ 满足

$$p\hat{x}-\mathrm{e}^{\hat{x}}=\sup_{x\in\mathbf{R}}\{px-\mathrm{e}^x\}$$

那么 $\hat{x}$ 为下列方程的解:

$$(px-\mathrm{e}^x)'|_{x=\hat{x}}=p-\mathrm{e}^{\hat{x}}=0$$

因此, $\hat{x}=\log p$, $f^*(p)=p\log p-p$. 但这只适用于 $p>0$. 一般应为

$$f^*(p)=\begin{cases}p\log p-p & p>0\\ +\infty & p\leqslant 0\end{cases}$$

$$f^{**}(x)=\sup_{p>0}\{px-p\log p+p\}=\mathrm{e}^x$$

后一等式留给读者作为练习. 其相应的 Young 不等式为

$$\forall x \in \mathbf{R}, \forall p > 0, \mathrm{e}^x + p\log p - p \geqslant px \qquad (34)$$

这也是一个很有用的不等式.

现在我们来讨论共轭函数与次微分的关系.

定理 4 设 $f: \mathbf{R} \to \mathbf{R} \cup \{+\infty\}$ 是不恒为 $+\infty$ 的任意函数. 那么下列两个命题等价:

(i) $p \in \partial f(x)$;

(ii) $f(x) + f^*(p) = px$.

证明 事实上,由式(27),(i)等价于

$$\forall y \in \mathbf{R}, f(y) - f(x) \geqslant p(y - x)$$

即
$$\forall y \in \mathbf{R}, px - f(x) \geqslant py - f(y)$$

因此,它也等价于

$$f^*(p) = \sup_{y \in \mathbf{R}} \{py - f(y)\} \geqslant px - f(x)$$
$$\geqslant \sup_{y \in \mathbf{R}} \{py - f(y)\} = f^*(p)$$

即等价于(ii). □

推论 1 如果 $f: \mathbf{R} \to \mathbf{R} \cup \{+\infty\}$ 在 x_0 处次可微,那么 $f(x_0) = f^{**}(x_0)$.

证明 事实上,这时存在 $p \in \partial f(x_0)$,使得

$$f(x_0) = px_0 - f^*(p) \leqslant f^{**}(x_0)$$

再联系到式(32),故有 $f(x_0) = f^{**}(x_0)$. □

推论 2 如果 $f: \mathbf{R} \to \mathbf{R} \cup \{+\infty\}$ 为真凸函数,那么对于任何 $x \in \operatorname{dom} f$,有 $f(x) = f^{**}(x)$. 特别是,由此可得,定

义在全实轴上的实值凸函数是仿射函数族的上包络.

定理 4 的图像解释可由图 23 看出. 其中 $p \in \partial f(x)$，而点(x, px)与点$(x, f(x))$间的距离恰好为 $f^*(p)$.

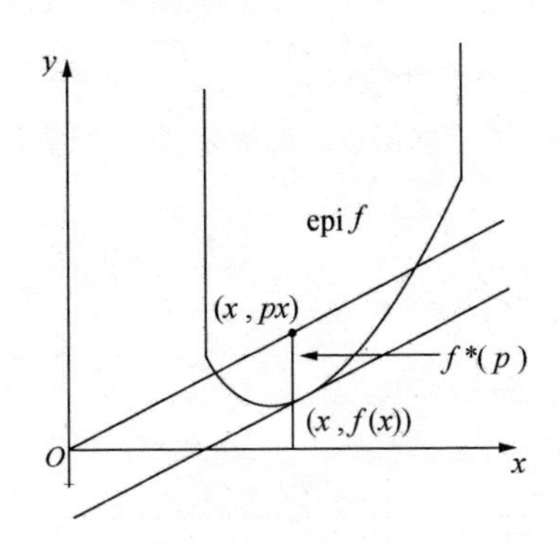

图 23　次微分与共轭函数的关系

定理 4 可以用来作为一种求函数次微分的方法. 尤其是可用来求函数的不连续点上的次微分. 例如，对于上面的例 3，在 $x = \pm 1$ 处是无法用求左右导数的办法来求函数的次微分的. 但由定理 4，我们立即可得

$$\partial f(\pm 1) = \{p \in \mathbf{R} \mid |p| = \pm p\} = \pm \mathbf{R}_+$$

关于次微分和共轭函数的更深刻的结果我们留到下节中去讨论.

习　题

1. 证明：**R** 上的真凸函数不但在其有效域的内部连续，并且在其有效域内部的任何闭区间上 **Lipschitz 连续**，即，对于任何$[a,b]\subset \text{int dom } f$，存在常数 $C>0$，使得

$$\forall x_1, x_2 \in [a,b], \ |f(x_1)-f(x_2)| \leqslant C|x_1-x_2|$$

2. 对上节中的习题 4 的函数求出它们的共轭函数和二次共轭函数，并写出它们相应的 Young 不等式.

3. 求下列有不连续点的函数的次微分、共轭函数、二次共轭函数以及它们的相应的 Young 不等式：

$$\text{(a)}\ f(x)=\begin{cases} \dfrac{x^p}{p} & x\geqslant 0, \quad p\geqslant 1 \\ +\infty & x<0 \end{cases}$$

$$\text{(b)}\ f(x)=\begin{cases} \log(1/x) & x>0 \\ +\infty & x\leqslant 0 \end{cases}$$

$$\text{(c)}\ f(x)=\begin{cases} x\log x & x>0 \\ 0 & x=0 \\ +\infty & x<0 \end{cases}$$

$$\text{(d)}\ f(x)=\begin{cases} \sqrt{1-x^2} & |x|\leqslant 1 \\ +\infty & |x|>1 \end{cases}$$

§2.5 凸分析的两条基本定理

直到现在为止，我们虽然在凸函数的讨论中运用了一些凸集理论的概念，实际上却看不出非引进凸集概念不可的必要性. 我们完全可以从凸性不等式出发得到上述的所有结果. 这并不能说明我们用凸集来导出凸函数是多余之举，而只说明我们前面的讨论还没有涉及较深刻的结果. 从凸集理论的观点来看，凸性不等式只涉及凸集的定义. 由此

导出的结果说来说去都是“凸集中的两点的连接线段还在凸集中”这句话的变种. 而对于凸集来说,更本质的特性是凸集承托定理或凸集分离定理. 这节中我们将由此导出两条有关凸函数的共轭函数和次微分的定理. 这两条定理连同闭凸集表示定理一起,可称为凸分析的三条基本定理.

定理 5(**Moreau-Fenchel**) 设 $f:\mathbf{R}\to\mathbf{R}\cup\{+\infty\}$ 为任意函数. 那么 f 是下半连续真凸函数的充要条件为 $f=f^{**}$.

证明 考虑到 f^{**} 总是下半连续真凸函数和式(32),我们只需指出,当 f 是下半连续真凸函数时,下列不等式成立:

$$\forall x\in\mathbf{R}, f(x)\leqslant f^{**}(x) \tag{35}$$

因为 epi f 是闭凸集,而对于任何点 $x_0\in\mathrm{dom}\ f$ 和 $\varepsilon>0$, $(x_0, f(x_0)-\varepsilon)\notin\mathrm{epi}\ f$,所以由凸集强分离定理,点 $(x_0, f(x_0)-\varepsilon)$ 能与 epi f 用直线强分离,即存在 $(p,\alpha^*)\in\mathbf{R}^2$,使得

$$\sup_{(x,\alpha)\in\mathrm{epi}\ f}\{px+\alpha^*\alpha\}<px_0+\alpha^*(f(x_0)-\varepsilon) \tag{36}$$

由于式(36)中的 α 可任意大,故必须有 $\alpha^*\leqslant 0$,但 $\alpha^*=0$ 又与 $x_0\in\mathrm{dom}\ f$ 矛盾. 这样 $\alpha^*<0$,令 $\bar{p}=-p/\alpha^*$,从而得到

$$\forall x\in\mathrm{dom}\ f, \bar{p}x-f(x)<\bar{p}x_0-(f(x_0)-\varepsilon) \tag{37}$$

对式(37)的左端取上确界,又可得

$$f^*(\bar{p})\leqslant\bar{p}x_0-(f(x_0)-\varepsilon)$$

以至由对于 f^* 和 f^{**} 的 Young 不等式(31)导得

$$f^{**}(x_0) \geqslant \bar{p}x_0 - f^*(\bar{p}) \geqslant f(x_0) - \varepsilon$$

由 x_0 和 ε 的任意性,这就证明了

$$\forall x \in \operatorname{dom} f, f^{**}(x) \geqslant f(x) \tag{38}$$

还需指出,当 $x_0 \notin \operatorname{dom} f$ 时,$f^{**}(x_0) = +\infty$.

设 $x_0 \notin \operatorname{dom} f$,那么对于任何 $\beta \in \mathbf{R}$,$(x_0, \beta) \notin \operatorname{epi} f$. 利用同样推理,我们可得,存在$(p, \alpha^*) \in \mathbf{R}^2$,使得

$$\sup_{(x,\alpha) \in \operatorname{epi} f} \{px + \alpha^* \alpha\} < px_0 + \alpha^* \beta$$

由此仍可导得 $\alpha^* \leqslant 0$.

如果对于任何 $\beta \in \mathbf{R}$,都有 $\alpha^* < 0$,那么如上一样推理,可得

$$\forall \beta \in \mathbf{R}, f^{**}(x_0) > \beta$$

因此,$f^{**}(x_0) = +\infty$. 如果对于某个 $\beta \in \mathbf{R}$,有 $\alpha^* = 0$,那么有

$$\forall x \in \operatorname{dom} f, p(x - x_0) \leqslant -\delta < 0 \tag{39}$$

令 $\bar{p} \in \operatorname{dom} f^*$. 由前面的推理可知这样的 $\bar{p}$ 是存在的. 因此,由 Young 不等式(31),有

$$\forall x \in \mathbf{R}, \bar{p}x - f^*(\bar{p}) - f(x) \leqslant 0 \tag{40}$$

把式(39)的 n 倍与式(40)相加,可得

$$\forall x \in \operatorname{dom} f, (\bar{p} + np)x - npx_0 + n\delta - f^*(p) - f(x) \leqslant 0$$

以至

$$\forall x \in \operatorname{dom} f, (\bar{p} + np)x - f(x) \leqslant f^*(p) + npx_0 - n\delta$$

对上式左端取上确界，又得

$$f^*(\bar{p}+np) \leqslant f^*(\bar{p})+npx_0-n\delta$$

因此，
$$\begin{aligned}&\bar{p}x_0+n\delta-f^*(\bar{p})\\ \leqslant\ &(\bar{p}+np)x_0-f^*(\bar{p}+np)\\ \leqslant\ &f^{**}(x_0)\end{aligned}$$

令 $n\to\infty$，即得 $f^{**}(x_0)=+\infty$. □

这条定理特别是说明下半连续的真凸函数与仿射函数族的上包络是一回事，因为 f^{**} 是仿射函数族的上包络. 其实定理的要点也正在于此. 共轭函数概念在这里只起着一种便于表达的作用.

定理 5 的证明显得有些冗长. 但其证明的思路还是很简单的：因为下半连续真凸函数的上图是闭凸集，所以它一定是一些闭半平面的交集. 这些闭半平面有的是仿射函数的上图，有的并不是，那些就是边界直线垂直的半平面. 因此，定理的证明归结为指出除去那些竖直的半平面后，余下的闭半平面仍能围成函数的上图. 这是证明的难点.

然而，上述证明并没有用闭凸集表示定理，而是用了一个点与闭凸集之间的强分离定理. 这样做的好处在于一下子能得出在 dom f 中有 $f=f^{**}$，而用闭凸集表示定理只能得出在 int dom f 中有 $f=f^{**}$，使得证明将多费一番周折. 最后，在证明 dom f 外仍有 $f=f^{**}$ 时是有点“挖空心思”的. 初看起来像是“神来之笔”. 仔细一推敲，还是在于要把通过某点的垂直的分离直线,利用旁边的倾斜的分离直线,使它也变得倾斜.当然,具体做起来还有一定的技术上的困难.那是数学工作者的"战术问题","战略"上的大方针则是明确的.

把定理 4 与定理 5 结合起来,我们就可得到下列形式上更对称的定理:

定理 4′ 设 $f:\mathbf{R}\to\mathbf{R}\cup\{+\infty\}$是不恒为$+\infty$的任意函数.那么下列两个命题等价:

(i) $p\in\partial f(x)$;

(ii) $f(x)+f^*(p)=px$.

如果 f 是下半连续真凸函数,那么 i)与 ii)还等价于

(iii) $f^*(p)+f^{**}(x)=px$;

(iv) $x\in\partial f^*(p)$.

这里(i)(iv)的等价还可说成是:集值映射∂f 与∂f^* 互为逆映射.

另一条基本定理有关次微分的基本性质.为此我们先来讨论一些次微分的简单性质.

命题 8 设 $f,g:\mathbf{R}\to\mathbf{R}\cup\{+\infty\}$为两个真凸函数.那么

(i) $\forall\lambda\geqslant 0,\forall x\in\mathbf{R},\partial(\lambda f)(x)=\lambda\partial f(x)$.

(ii) $\forall x\in\operatorname{int}(\operatorname{dom} f\cap\operatorname{dom} g)$,

$$\partial(f+g)(x)=\partial f(x)+\partial g(x).$$

证明 (i)的证明是显然的.对于 ii),注意到 $\operatorname{int}(\operatorname{dom} f$

$\cap \operatorname{dom} g$)中的点 x 都是 f 和 g 的左、右导数存在的点. 从而,

$$\partial f(x)=[f'_{-}(x), f'_{+}(x)],$$

$$\partial g(x)=[g'_{-}(x), g'_{+}(x)]$$

$$\begin{aligned}\partial(f+g)(x) &= [f'_{-}(x)+g'_{-}(x), f'_{+}(x)+g'_{+}(x)] \\ &= \partial f(x)+\partial g(x)\end{aligned}$$

□

这一命题说明次微分与通常的导数一样有"线性性",即"数乘性"和"可加性". 但是需要注意的是这里的"可加性"只适合于在两个函数有效域内部的点,一般情况下,我们只能有

$$\forall x \in \mathbf{R}, \partial f(x)+\partial g(x) \subset \partial(f+g)(x) \tag{41}$$

对此只需利用次微分的定义式(27). 而反向的包含号一般不成立.

例 5 设

$$f(x)=\begin{cases}0 & x>0 \\ 1 & x=0 \\ +\infty & x<0\end{cases}$$

$$g(x)=\begin{cases}+\infty & x>0 \\ 1 & x=0 \\ 0 & x<0\end{cases}$$

因此, $\partial f(0)=\partial g(0)=\varnothing$. 但是 $\partial(f+g)(0)=\mathbf{R}$. □

这样,寻求次微分的"可加性"成立的条件就成为一个

值得研究的问题. 这就是我们下面要讨论的又一条凸分析基本定理. 它的证明必须应用凸集分离定理. 我们甚至可以指出它与凸集分离定理是等价的. 因此，这是一个非常深刻的结果.

定理 6（Moreau-Rockafellar） 设 f,g 为 $\mathbf{R}$ 上的真凸函数. 如果

$$0 \in \operatorname{int}(\operatorname{dom} f - \operatorname{dom} g) \tag{42}$$

那么

$$\forall x \in \mathbf{R}, \partial(f+g)(x) = \partial f(x) + \partial g(x) \tag{43}$$

证明 由式（41），我们只需指出，如果 $p \in \partial(f+g)(x)$，那么在定理条件式(42)下，有 $p \in \partial f(x) + \partial g(x)$. 不妨设 $p=0, x=0, f(0)=g(0)=0$. 否则只需令

$$f_1(y) = f(x+y) - f(x) - py$$

$$g_1(y) = g(x+y) - g(x)$$

并对 f_1, g_1 来讨论. 这样可假设 $0 \in \partial(f+g)(0)$；它等价于

$$\min_{x \in \mathbf{R}} \{f(x) + g(x)\} = f(0) + g(0) = 0 \tag{44}$$

需要指出

$$0 \in \partial f(0) + \partial g(0) \tag{45}$$

令

$$C = \{(z, \alpha) \in \mathbf{R}^2 \mid z = x - y, x \in \operatorname{dom} f, y \in \operatorname{dom} g,$$
$$f(x) + g(y) < \alpha\} \tag{46}$$

则不难验证，C 是凸集，且 $0 \notin C$；否则将存在 $x \notin \operatorname{dom} f \cap$

dom g,使得 $f(x)+g(x)<0$,与式(44)矛盾.这样一来,我们就可运用凸集分离定理,从而存在$(p,\alpha^*)\neq 0$,使得

$$\forall (z,\alpha)\in C,\quad pz+\alpha^*\alpha\leqslant 0$$

由于上式左端中的 α 可任意大,故为使不等式成立,必须有 $\alpha^*\leqslant 0$.但如果 $\alpha^*=0$,则可得

$$\forall z\in(\mathrm{dom}\ f-\mathrm{dom}\ g),\quad pz\leqslant 0$$

由条件(42),这仅当 $p=0$ 时才有可能.与$(p,\alpha^*)\neq 0$ 矛盾.

最后,取 $\bar{p}=-p/\alpha^*$.于是有

$$\forall (z,\alpha)\in C,\quad \bar{p}z-\alpha\leqslant 0$$

从而 $\forall x\in \mathrm{dom}\ f,\forall y\in \mathrm{dom}\ g,\forall \varepsilon>0,$

$$\bar{p}(x-y)-f(x)-g(y)-\varepsilon\leqslant 0$$

或 $$\bar{p}x-f(x)-\varepsilon\leqslant \bar{p}y+g(y)$$

由 ε 的任意性,这导致

$$\sup_{x\in \mathrm{dom}\ f}\{\bar{p}x-f(x)\}\leqslant \inf_{y\in \mathrm{dom}\ g}\{\bar{p}y+g(y)\}$$

根据共轭函数的定义式(29),上式即

$$f^*(\bar{p})\leqslant -g^*(-\bar{p})$$

或 $$f^*(\bar{p})+g^*(\bar{p})\leqslant 0 \tag{47}$$

但已假设 $f(0)=g(0)=0$,从而

$$f^*(\bar{p})\geqslant \bar{p}0-f(0)=0$$

$$g^*(-\bar{p})\geqslant \bar{p}0-g(0)=0$$

因此,联系式(47),则有

$$f^*(\bar{p})=g^*(-\bar{p})=0$$

以至

$$f(0)+f^*(\bar{p})=g(0)+g^*(-\bar{p})=0 \tag{48}$$

根据定理 4,式(48)得到

$$\bar{p}\in\partial f(0),-\bar{p}\in\partial g(0)$$

即

$$0\in\partial f(0)+\partial g(0). \qquad \square$$

我们可以注意到,如果存在点 $x\in\mathbf{R}$,使得 f 在该点上有限,g 在该点上连续,即

$$\text{dom } f\cap\text{int dom } g\neq\varnothing \tag{49}$$

那么式(42)成立,因此,我们逐次运用定理 5,可得

推论 3 设 $f_0,f_1,\cdots,f_m$ 为 $\mathbf{R}$ 上的真凸函数,且满足

$$\text{dom } f_0\cap(\text{int dom } f_1)\cap\cdots\cap(\text{int dom } f_m)\neq\varnothing \tag{50}$$

那么

$$\forall x\in\mathbf{R},\partial(f_0+f_1+\cdots+f_m)(x)=\\ \partial f_0(x)+\partial f_1(x)+\cdots+\partial f_m(x)$$

定理 6 的证明看来也十分冗长,它的思路也有点曲折.首先它先把问题简化为对 $0\in\partial(f+g)(0),f(0)=g(0)=0$ 的情形来讨论. 这样,问题变为找出 $p\in\mathbf{R}$,使得 $\bar{p}\in\partial f(0)$和$-\bar{p}\in\partial g(0)$. 考虑到次微分的几何意义是函数上图的承托直线的斜率,把 $\bar{p}\in\partial f(0)$看作 epi f 在$(0,0)$处有

斜率为 $\bar{p}$ 的承托直线，而把 $-\bar{p}\in\partial g(0)$ 看作 $-g$ 的“下图”在(0,0)处也有斜率为 $\bar{p}$ 的承托直线，于是问题归结为 epi f 和 $-g$ 的“下图”在(0,0)处有斜率为 $\bar{p}$ 的分离直线，或者 epi $(-g)$（$-g$ 的上图）在(0,0)处有斜率为 $\bar{p}$ 的承托直线. 凸性条件和凸集分离定理保证了承托直线的存在，而条件(42)则保证了这条直线不是垂直的，从而有斜率可言. 余下的问题只是如何用数学语言把它表达得更确切.

定理 6 表面上看来只是导数的可加性的推广，而实际上由于它可用来处理广义值函数，其用处是非常广的. 我们将在后面的章节中看到它的重要作用.

习　题

1. 设 f,g 为 $\mathbf{R}$ 上的凸函数. 证明

$$F(x)=\inf_{y\in\mathbf{R}}\{f(y)+g(x-y)\}$$

也是 $\mathbf{R}$ 上的凸函数，且

$$\forall p\in\mathbf{R},F^*(p)=f^*(p)+g^*(p)$$

2. 如果 F 是下半连续真凸函数，利用定理 4′和定理 6，你能得出什么结论?

§2.6　$\mathbf{R}^2$ 和 $\mathbf{R}^n$ 上的凸函数

我们前面的讨论虽然都是对 $\mathbf{R}$ 上的函数作出的. 实际上，大部分的结果都能不费力地推广到 $\mathbf{R}^2$ 以至一般的 $\mathbf{R}^n$

情形. 如在§2.1中,我们只需把(a,b)改为$\mathbf{R}^2$或$\mathbf{R}^n$中的凸开集,把定义3的上图定义中的$\mathbf{R}^2$改为$\mathbf{R}^3$或$\mathbf{R}^{n+1}$,其他都可一字不改. §2.2、§2.3和§2.4虽然主要适用于(a,b)上的凸函数,但命题4中的(a,b)显然也可改为$\mathbf{R}^2$或$\mathbf{R}^n$中的凸开集;定义8中的函数的定义域$\mathbf{R}$都可改为$\mathbf{R}^2$或$\mathbf{R}^n$,只是其中的px都应改为内积$\langle p,x\rangle$. 两个经济学解释都可变"单产出""单投入"为"多产出""多投入". 例1容易改为向量情形. 例2可改为$f(x)=\|x\|^2/2$. 而其一般情形中则可令

$$f(x)=f(x^1,x^2,\cdots,x^n)=\sum_{i=1}^{n}\frac{|x^i|^\alpha}{\alpha}$$

这时Cauchy-Hölder不等式的导出可更直截了当些. 例3中的$|\cdot|$也可改为$\|\cdot\|$. 定理4及其推论都只需作简单修改. 而尤为使人高兴的是在§2.5中除命题8之(ii)需另作讨论外,两条大定理也只需作简单修改.

然而,$\mathbf{R}^2$与$\mathbf{R}^n$上凸函数毕竟还有不少特殊问题. 除了§2.3中的结果推广需作特殊处理外,由于高维凸集要比一维凸集(区间)要复杂得多,涉及高维凸集的问题就要专门讨论. 不过高维凸集又可以二维凸集为代表. 往往二维凸集搞清楚了,高维的也清楚了. 因此,我们下面一般仍只对$\mathbf{R}^2$来叙述.

我们从一些联系二维凸集的凸函数开始本节的讨论.

其实我们在§1.7中已经遇到过一类$\mathbf{R}^2$上的真凸函数，那就是定义20所定义的集合$A\subset\mathbf{R}^2$的承托函数$\sigma_A(p)=\sup\limits_{x\in A}\langle p,x\rangle$. 只要$A$是$\mathbf{R}^2$的真子集，$\sigma_A$一定是不恒为$+\infty$的下半连续真凸函数，因为它是线性函数族的上包络. 现在我们有了共轭函数的概念，我们可以说，σ_A是下列函数的共轭函数：

$$\delta_A(x):=\begin{cases}0 & x\in A\\ +\infty & x\notin A\end{cases}\tag{51}$$

即

$$\delta_A^*(p)=\sup_{x\in\mathbf{R}^2}\{\langle p,x\rangle-\delta_A(x)\}=\sup_{x\in A}\langle p,x\rangle=\sigma_A(p)\tag{52}$$

定义9　式(51)所定义的函数$\delta_A:\mathbf{R}^2\to\mathbf{R}\cup\{+\infty\}$称为$A\in\mathbf{R}^2$的**指标函数**.

不难验证，δ_A是凸函数的充要条件为$A\subset\mathbf{R}^2$是凸集，而δ_A是下半连续真凸函数的充要条件为A是闭凸集. 尤其是

$$\delta_A^{**}(x)=\sup_{p\in\mathbf{R}^2}\{\langle p,x\rangle-\sigma_A(p)\}=\begin{cases}0 & x\in \mathrm{cl\ co}A\\ +\infty & x\notin \mathrm{cl\ co}A\end{cases}\tag{53}$$

恰好就是A的闭凸包的指标函数. 这些结论的详细推导留给读者作为习题.

我们可以注意到，集合 $A\subset\mathbf{R}^2$ 的承托函数 σ_A 作为 p 的函数有以下一些性质：

(i)(正齐次性) $\forall p\in\mathbf{R}^2,\forall\lambda\geqslant 0,\sigma_A(\lambda p)=\lambda\sigma_A(p)$；

(ii)(次可加性) $\forall p_1,p_2\in\mathbf{R}^2,\sigma_A(p_1+p_2)\leqslant\sigma_A(p_1)+\sigma_A(p_2)$.

对于这类性质，我们可以提出以下的一般定义：

定义 10 设 $G:\mathbf{R}^2\to\mathbf{R}\cup\{+\infty\}$为任意函数. 如果

$$\forall\lambda\geqslant 0,\forall x\in\mathbf{R}^2\quad G(\lambda x)=\lambda G(x),\tag{54}$$

那么 G 称为**正齐次函数**. 如果

$$\forall x_1,x_2\in\mathbf{R}^2,G(x_1+x_2)\leqslant G(x_1)+G(x_2),\tag{55}$$

那么 G 称为**次可加函数**. 如果 G 既是正齐次函数，又是次可加函数，那么 G 称为**次线性函数**.

正齐次函数的图像和上图一定是锥. 反之也成立. 因此，$\mathbf{R}$ 上的正齐次函数就没有多少问题值得研究的，因为它无非是一个定义在正实轴上的线性函数与一个定义在负实轴上的线性函数的拼凑. 而 $\mathbf{R}^2$ 或一般的 $\mathbf{R}^n$ 上的正齐次函数可能有的变化就较多. 首先，我们注意到

命题 9 正齐次函数是凸函数的充要条件为它是次线性函数.

证明 因为所涉及的函数至多只取 $+\infty$，所以可以用凸性不等式来作为凸函数的定义. 如果正齐次函数 G 是凸函数，那么对于任何 $x_1,x_2\in\mathbf{R}^2$，我们有

$$G(x_1+x_2)=2G\left(\frac{x_1+x_2}{2}\right)\leqslant 2\cdot\frac{G(x_1)+G(x_2)}{2}$$

$$=G(x_1)+G(x_2)$$

即 G 也是次可加的. 反之,验证次线性函数是凸函数更为容易. □

我们已经看到,一个集合的承托函数一定是下半连续的次线性函数. 这个结论的逆命题也成立,即我们可以证明:

定理 7　设 $G:\mathbf{R}^2\to\mathbf{R}\cup\{+\infty\}$ 为不恒为 $+\infty$ 的任意函数. 那么

$$K:=\{p\in\mathbf{R}^2\mid\forall x\in\mathbf{R}^2,\langle p,x\rangle\leqslant G(x)\}\tag{56}$$

为闭凸集. 如果 G 是下半连续次线性函数,那么还有

$$\forall x\in\mathbf{R}^2, G(x)=\sup_{p\in K}\langle p,x\rangle=\sigma_K(x)\tag{57}$$

证明　由式(56)可以看出 K 是一族闭半平面的交,故它是闭凸集. 我们指出,当 G 为正齐次函数时,

$$G^*(p)=\delta_K(p)=\begin{cases}0 & p\in K\\ +\infty & p\notin K\end{cases}\tag{58}$$

事实上,如果 $p\in K$,那么 $\sup\limits_{x\in\mathbf{R}^2}\{\langle p,x\rangle-G(x)\}=0$;如果 $p\notin K$,那么存在 $\bar{x}\in\mathbf{R}$,使得 $\langle p,\bar{x}\rangle-G(\bar{x})=\delta>0$;从而对于 $\lambda\geqslant 0$,有 $\langle p,\lambda\bar{x}\rangle-G(\lambda\bar{x})=\lambda\delta$. 因此,$G^*(p)=\sup\limits_{x\in\mathbf{R}^2}\{\langle p,x\rangle-G(x)\}=+\infty$. 当 G 又为下半连续真凸函数(由命题 9,它一定是次线性函数)时,由 Moreau-Fenchel 定理,我们有

$G=G^{**}$. 再由式(58)可得式(57)成立.

我们要注意的是这里的"下半连续"的条件是必要的. 事实上, $\mathbf{R}^2$ 上的非下半连续的次线性函数是存在的.

例 6 令

$$G(x^1,x^2)=\begin{cases} x^1 & x^1>0 \text{ 或}(x^1,x^2)=(0,0) \\ +\infty & \text{其他} \end{cases}$$

不难验证,这是个次线性函数,但不下半连续,因为其上图不闭.

定理 7 的证明看来不显眼. 但这是由于其中用了 Moreau-Fenchel 定理,从而已经间接地用了凸集分离定理. 事实上,离开了凸集分离定理或其等价形式,这一定理是无法证明的.

由闭凸集表示定理和这里的定理 7 可以看出,实际上,闭凸集和下半连续次线性函数之间有一种一一对应的"对偶关系". 一般说来,作为承托函数的次线性函数可以取负值. 这时与它相对应的闭凸集一定不包含原点. 而包含原点的闭凸集的承托函数一定是非负的. 引进取非负值的次线性函数我们还能使"对偶性"讨论再深入一步.

定义 11 取非负值的次线性函数称为 **Minkowski 函数**.

由定理 7 不难看出,下半连续的 Minkowski 函数一定是包含原点的闭凸集的承托函数. 但是 Minkowski 函数还可与另一种包含原点的凸集相联系.

命题 10 设 $M:\mathbf{R}^2\to\mathbf{R}\cup\{+\infty\}$为次线性函数.那么

$$A=\{x\in\mathbf{R}^2\mid M(x)\leqslant 1\}\tag{59}$$

为包含原点的凸集.反之,设 $A\subset\mathbf{R}^2$ 为包含原点的凸集,那么

$$M_A(x)=\inf\{\alpha>0\mid x\in\alpha A\}\tag{60}$$

为 Minkowski 函数,这里规定 $\inf\varnothing=+\infty$.

证明 对于命题的前半部,因为 $M(0)=0$,容易验证式(59)所定义的 A 是包含原点的凸集.这点甚至对于 M 是任意的原点为零的凸函数都成立.

现在我们证明命题的后半部分.由定义式(60)和 A 是包含原点的凸集立即可得 M_A 的非负性和正齐次性.另一方面,对于任何 $x_1,x_2\in\mathbf{R}^2$ 和 $\varepsilon>0$,存在 $\alpha_1,\alpha_2>0$,满足

$$M_A(x_1)>\alpha_1-\varepsilon,M_A(x_2)>\alpha_2-\varepsilon,$$

$$x_1\in\alpha_1 A,x_2\in\alpha_2 A.$$

由 A 是凸集,我们有

$$\begin{aligned}\alpha_1 A+\alpha_2 A&=(\alpha_1+\alpha_2)\left(\frac{\alpha_1}{\alpha_1+\alpha_2}A+\frac{\alpha_2}{\alpha_1+\alpha_2}A\right)\\&=(\alpha_1+\alpha_2)A\end{aligned}$$

从而 $x_1+x_2\in\alpha_1 A+\alpha_2 A=(\alpha_1+\alpha_2)A$.因此,

$$M_A(x_1+x_2)\leqslant(\alpha_1+\alpha_2)<M_A(x_1)+M_A(x_2)+2\varepsilon$$

由 ε 的任意性,即得 M_A 满足次可加性. □

当 M 是下半连续的 Minkowski 函数时，易证命题 10 前半部式(59)中的 A 是闭凸集. 而后半部中的 A 显然也可取作闭凸集，并且

$$A = \{x \in \mathbf{R}^2 \mid M_A(x) \leqslant 1\}$$

这样，下半连续的 Minkowski 函数与包含原点的闭凸集之间也有一种一一对应的“对偶关系”. 现在我们要问，这个“对偶关系”与前面所说的下半连续次线性函数和闭凸集的“对偶关系”之间又有什么关系？为此，我们引入下列定义：

定义 12 设 $A \subset \mathbf{R}^2$ 为任意集合. 下列集合

$$\begin{aligned} A^\circ := &\{p \in \mathbf{R}^2 \mid \forall x \in A, \langle p, x\rangle \leqslant 1\} \\ = &\{p \in \mathbf{R}^2 \mid \sigma_A(p) \leqslant 1\} \end{aligned} \tag{61}$$

称为 A 的**极化集**；下列集合

$$\begin{aligned} A^{\circ\circ} := &\{x \in \mathbf{R} \mid \forall p \in A^\circ, \langle p, x\rangle \leqslant 1\} \\ = &\{x \in \mathbf{R}^2 \mid \sigma_{A^\circ}(x) \leqslant 1\} \end{aligned} \tag{62}$$

称为 A 的**二次极化集**.

很明显，不管 A 是什么集合，A° 和 $A^{\circ\circ}$ 总是包含原点的闭凸集.

定理 8(Banach 二次极化定理) 设 $A \subset \mathbf{R}^2$ 为任意集合，那么

$$A^{\circ\circ} = \mathrm{cl\ co}(A \cup \{0\}) \tag{63}$$

即它是 A 与原点的并集的闭凸包.

证明 令 $K = \mathrm{cl\ co}(A \cup \{0\})$. 由 $A^{\circ\circ}$ 是包含 A 与原点

的闭凸集，我们只需指出 $A^{\circ\circ}\subset K$，或者指出，不在 K 中的点一定也不在 $A^{\circ\circ}$ 中.

设 $x\notin K$. 那么由 K 是闭凸集和凸集强分离定理，存在 $p\in\mathbf{R}^2$，使得

$$\langle p,x\rangle > \sup_{x\in K}\langle p,x\rangle = \sigma_K(p)$$

因为 $0\in K$，所以 $\sigma_K(p)\geqslant 0$. 从而

$$\delta = \frac{1}{2}(\langle p,x\rangle + \sigma_K(p)) > 0$$

令 $\bar{p}=p/\delta$. 那么有

$$\langle \bar{p},x\rangle > 1 > \sigma_K(\bar{p}) \geqslant \sigma_A(\bar{p})$$

这说明 $\bar{p}\in A^{\circ}$，而 $x\notin A^{\circ\circ}$. □

这也是一条直接应用凸集分离定理的定理，因而也较深刻.

有了极化集的概念后，再总结我们前面得到的一些定理，我们就可得到包含原点的闭凸集（或者一个任意集合的二次极化集）及其承托函数、Minkowski 函数和极化集四者之间的极有意思的"对偶关系"：设 $A\subset\mathbf{R}^2$ 为包含原点的闭凸集，那么我们有

$$\begin{aligned} A = A^{\circ\circ} &= \{x\in\mathbf{R}^2 \mid \forall p\in\mathbf{R}^2, \langle p,x\rangle \leqslant \sigma_A(p)\} \\ &= \{x\in\mathbf{R}^2 \mid \sigma_{A^{\circ}}(x)\leqslant 1\} \end{aligned} \tag{64}$$

$$\begin{aligned} A &= \{p\in\mathbf{R}^2 \mid \forall x\in\mathbf{R}^2, \langle p,x\rangle \leqslant \sigma_{A^{\circ}}(x)\} \\ &= \{p\in\mathbf{R}^2 \mid \sigma_A(p)\leqslant 1\} \end{aligned} \tag{65}$$

$$\sigma_A(p) = \sup_{x \in A}\langle p, x\rangle = M_{A^\circ}(p)$$

$$= \inf\{\alpha > 0 \mid p \in \alpha A^\circ\} \tag{66}$$

$$\sigma_{A^\circ}(x) = \sup_{p \in A^\circ}\langle p, x\rangle = M_A(x)$$

$$= \inf\{\alpha > 0 \mid x \in \alpha A\} \tag{67}$$

式(64)～(67)显示了两个包含原点的互相极化的闭凸集与它们的承托函数或 Minkowski 函数之间有非常对称的关系.从以下的一些例子中我们可以看出,它们实际上概括了许多特殊的凸集和凸函数的关系.

如果 $A \subset \mathbf{R}^2$ 是任意集合,我们还可有如下更一般的关系:

$$\text{cl co}A = \{x \in \mathbf{R}^2 \mid \forall p \in \mathbf{R}^2, \langle p, x\rangle \leqslant \sigma_A(p)\} \tag{68}$$

$$\sigma_{A^{\circ\circ}}(p) = \max\{0, \sigma_A(p)\} = \sup_{x \in A^{\circ\circ}}(p, x)$$

$$= M_{A^\circ}(p) = \inf\{\alpha > 0 \mid p \in \alpha A^\circ\} \tag{69}$$

$$A^{\circ\circ} = \text{cl co}(A \cup \{0\})$$

$$= \{x \in \mathbf{R}^2 \mid \forall p \in \mathbf{R}^2, \langle p, x\rangle \leqslant \sigma_{A^{\circ\circ}}(p)\}$$

$$= \{x \in \mathbf{R}^2 \mid \sigma_{A^\circ}(x) \leqslant 1\} \tag{70}$$

$$A^\circ = \{p \in \mathbf{R}^2 \mid \forall x \in \mathbf{R}^2, \langle p, x\rangle \leqslant \sigma_{A^\circ}(x)\}$$

$$= \{p \in \mathbf{R}^2 \mid \sigma_A(p) \leqslant 1\}$$

$$= \{p \in \mathbf{R}^2 \mid \sigma_{A^{\circ\circ}}(p) \leqslant 1\} \tag{71}$$

$$\sigma_{A^\circ}(x) = \sup_{p \in A^\circ}\langle p, x\rangle = M_{A^{\circ\circ}}(x)$$

$$= \inf\{\alpha > 0 \mid x \in \alpha A^{\circ\circ}\} \tag{72}$$

式(68)～(72)的证明留给读者作为练习.

在应用中用得较多的是不取$+\infty$的 Minkowski 函数. 这类函数还有各种别的名称.

定义 13 不取$+\infty$的 Minkowski 函数称为**规范函数**；对称的规范函数，即满足$G(-x)=G(x)$的规范函数称为**半范数**；仅在原点为零的半范数称为**范数**.

在§1.3中，我们曾称$\|x\|=((x^1)^2+(x^2)^2)^{1/2}$为$\mathbf{R}^2$上的范数. 为区别于别的范数起见，这个范数可以称为"标准范数". $\mathbf{R}^2$上还可定义许多"非标准范数". 例如，

$$A_p(x):=(|x^1|^p+|x^2|^p)^{1/p}, p \geqslant 1 \tag{73}$$

$$M(x):=\max\{|x^1|, |x^2|\} \tag{74}$$

等等. 下面我们就对A_p，M等范数以及其他规范函数来应用前面得到的对偶关系.

1. A_p，$p>1$. 我们首先需要验证由式(73)定义的A_p是范数. 它的正齐次性、对称性和原点外的正值性都是容易验证的. 较难验证的是次可加性，即

$$A_p(x_1+x_2) \leqslant A_p(x_1)+A_p(x_2) \tag{75}$$

它的更一般形式为

$$\left(\sum_{i=1}^{n} |a_i+b_i|^p\right)^{1/p} \leqslant \left(\sum_{i=1}^{n} |a_i|^p\right)^{1/p} + \left(\sum_{i=1}^{n} |b_i|^p\right)^{1/p} \tag{76}$$

这就是所谓 **Minkowski 不等式**. 它可以用我们两次提到的 Cauchy-Hölder 不等式来证明. 而 Cauchy-Hölder 不等式现在也可写成

$$\langle x,y\rangle \leqslant A_p(x)A_q(y),\ p>1,\ q>1,\ \frac{1}{p}+\frac{1}{q}=1 \tag{77}$$

事实上,

$$\begin{aligned}\sum_{i=1}^{n} |a_i+b_i|^p &\leqslant \sum_{i=1}^{n}(|a_i|+|b_i|)^p \\ &\leqslant \sum_{i=1}^{n}|a_i|(|a_i|+|b_i|)^{p-1}+ \\ &\quad \sum_{i=1}^{n}|b_i|(|a_i|+|b_i|)^{p-1}\end{aligned}$$

然后,对右端应用 Cauchy-Hölder 不等式,就得到

$$\begin{aligned}&\sum_{i=1}^{n}(|a_i|+|b_i|)^p \\ &\leqslant \left(\sum_{i=1}^{n}|a_i|^p\right)^{1/p}\left[\sum_{i=1}^{n}(|a_i|+|b_i|)^p)^{1/q}\right]+ \\ &\quad \left(\sum_{i=1}^{n}|b_i|^p\right)^{1/p}\left[\sum_{i=1}^{n}(|a_i|+|b_i|)^p)^{1/q}\right]\end{aligned}$$

因此,式(76)成立. 这样我们也肯定了 A_p, $p>1$ 是范数.

现在我们设 $B_p=\{x\in\mathbf{R}^2 \mid A_p(x)\leqslant 1\}$. 那么根据前面的讨论和 Cauchy-Hölder 不等式(77),我们不难得到

$$\begin{aligned}B_p = {B_q}^{\circ} &= \{x\in\mathbf{R}^2 \mid \forall\, y\in B_q, \langle y,x\rangle\leqslant 1\} \\ &= \{x\in\mathbf{R}^2 \mid \sigma_{B_q}(x)\leqslant 1\}\end{aligned}$$

$$B_q = B_q^{\circ} = \{y \in \mathbf{R}^2 \mid \forall x \in B_p, \langle y, x\rangle \leqslant 1\}$$
$$= \{y \in \mathbf{R}^2 \mid \sigma_{B_q}(y) \leqslant 1\}$$
$$A_p(x) = \sigma B_q(x) = \sup_{y \in B_q} \langle y, x\rangle = \inf\{\alpha > 0 \mid x \in \alpha B_p\}$$
$$A_q(y) = \sigma B_p(y) = \sup_{x \in B_p} \langle y, x\rangle = \inf\{\alpha > 0 \mid y \in \alpha B_q\}$$

2. A_1 和 M. 上述讨论不适合于 $p=1$ 的情形. 对于 A_1，我们有

$$A_1(x) = |x^1| + |x^2|$$
$$= \max(x^1 + x^2, x^1 - x^2, -x^1 + x^2, -x^1 - x^2)$$
$$= \max_{1 \leqslant i \leqslant 4} \langle y_i, x\rangle$$

其中

$$y_1 = (1,1), y_2 = (1,-1), y_3 = (-1,1), y_4 = (-1,-1)$$

而这四个点的凸包恰好就是所有满足 $M(y) \leqslant 1$ 的点；即

$$B_M := \{y \in \mathbf{R}^2 \mid M(y) \leqslant 1\} = \mathrm{co}\{y_1, y_2, y_3, y_4\}$$

这样我们根据前面的结果就有

$$B_1 = B_M^{\circ} = \{x \in \mathbf{R}^2 \mid \forall y \in B_M, \langle y, x\rangle \leqslant 1\}$$
$$= \{x \in \mathbf{R}^2 \mid \sigma_{B_M}(x) \leqslant 1\}$$
$$B_M = B_1^{\circ} = \{y \in \mathbf{R}^2 \mid \forall x \in B_1, \langle y, x\rangle \leqslant 1\}$$
$$= \{y \in \mathbf{R}^2 \mid \sigma_{B_M}(y) \leqslant 1\}$$
$$A_1(x) = \sigma_{B_M}(x) = \sup_{y \in B_M} \langle y, x\rangle = \inf\{\alpha > 0 \mid x \in \alpha B_1\}$$
$$M(y) = \sigma_{B_1}(y) = \sup_{x \in B_1} \langle y, x\rangle = \inf\{\alpha > 0 \mid y \in \alpha B_M\}$$

这在某种意义上正好说明：$M(y)=A_{\infty}(y)$. 事实上，$\lim\limits_{q\to\infty}A_q(y)=M(y)$也确实是成立的(参见习题 2.4).

3. 定义　$\forall x\in\mathbf{R}^2, M_1(x):=\max\{x^1,|x^2|\}$

这不是一个范数，而只是一个规范函数. 因为

$$M_1(x)=\max_{1\leqslant i\leqslant 3}\{y_i,x\}$$

其中

$$y_1=(1,0), y_2=(0,1), y_3=(0,-1)$$

令这三个点的凸包为

$$B_{N_1}:=\mathrm{co}\{y_1,y_2,y_3\}$$

那么我们有

$$\begin{aligned}B_{M_1}:&=\{x\in\mathbf{R}^2\mid M_1(x)\leqslant 1\}\\&=B_{N_1}^{\circ}=\{x\in\mathbf{R}^2\mid\forall y\in B_{N_1},\langle y,x\rangle\leqslant 1\}\\&=\{x\in\mathbf{R}^2\mid\sigma_{B_{N_1}}(x)\leqslant 1\}\end{aligned}$$

$$\begin{aligned}B_{N_1}&=B_{M_1}^{\circ}=\{y\in\mathbf{R}^2\mid\forall x\in B_{M_1},\langle y,x\rangle\leqslant 1\}\\&=\{y\in\mathbf{R}^2\mid\sigma_{B_{M_1}}(y)\leqslant 1\}\end{aligned}$$

$$M_1(x)=\sigma_{B_{M_1}}(x)=\sup_{y\in B_{M_1}}\langle y,x\rangle=\inf\{\alpha>0\mid x\in\alpha B_{M_1}\}$$

$$N_1(y)=\sigma_{B_{N_1}}(y)=\sup_{x\in B_{N_1}}\langle y,x\rangle=\inf\{\alpha>0\mid y\in\alpha B_{N_1}\}$$

$$=\begin{cases}\max\{y^1+y^2,y^1-y^2\} & y^1\geqslant 0\\+\infty & y^1<0\end{cases}$$

现在我们来讨论 $\mathbf{R}^2$ 上的一般凸函数. $\mathbf{R}^2$ 上的凸函数

的许多性质都可由单变量凸函数的性质导得. 事实上,所谓 $\mathbf{R}^2$ 上的凸函数也就是指它在 $\mathbf{R}^2$ 的每一条直线上是凸函数;即 $f:\mathbf{R}^2\to\mathbf{R}\cup\{\pm\infty\}$是凸函数的充要条件为

$$\forall\, x_0, x_1 \in \mathbf{R}^2, g(\alpha):= f(x_0+\alpha x_1)$$

是 $\alpha\in\mathbf{R}$ 的(取广义实值的)凸函数. 这是因为在验证凸性时,每次只涉及两个点.

这样一来,对于 $\mathbf{R}^2$ 上的真凸函数 $f:\to R\cup\{+\infty\}$来说,如果 $x\in\operatorname{int}\operatorname{dom} f$,那么对于任何 $h\in\mathbf{R}^2$,在$|t|$充分小的一个区间里,$f(x+th)$是 t 的实值凸函数. 从而由命题 6,

$$\delta_+ f(x,h)=\lim_{\substack{t\to 0\\ t>0}}\frac{f(x+th)-f(x)}{t} \tag{78}$$

$$\delta_- f(x,h)=\lim_{\substack{t\to 0\\ t<0}}\frac{f(x+th)-f(x)}{t} \tag{79}$$

都存在,且

$$\delta_+ f(x,h)\geqslant\delta_- f(x,h)=-\delta_+ f(x,-h) \tag{80}$$

定义 14 由式(79)定义的 $\delta_+ f(x,h)$称为 f 在 x 处沿方向 h 的右导数;由式(80)定义的 $\delta_- f(x,h)$称为 f 在 x 上沿方向 h 的左导数. 如果

$$\delta_+ f(x,h)=\delta_- f(x,h) \tag{81}$$

即

$$\delta f(x,h)=\lim_{t\to 0}\frac{f(x+th)-f(x)}{t} \tag{82}$$

存在,那么 $\delta f(x,h)$称为 f **在 x 处沿方向 h 的导数.**

对于熟悉多变量微分学的读者来说，众所周知，如果函数 f 在 x 处可微，且

$$\nabla f(x) = \left(\frac{\partial f}{\partial x^1}(x), \frac{\partial f}{\partial x^2}(x)\right)$$

为 f 在 x 处的梯度向量，那么

$$\forall h \in \mathbf{R}^2, \delta f(x,h) = (\nabla f(x), h)$$

命题 11　设 f 为 $\mathbf{R}^2$ 上的真凸函数，$x \in \text{int dom } f$. 那么 $\delta_+ f(x,h)$ 是 h 的次线性函数.

证明　由定义立即可得

$$\forall \lambda \geqslant 0, \forall h \in \mathbf{R}^2, \delta_+ f(x, \lambda h) = \lambda \delta_+ f(x,h)$$

即 $\delta_+ f(x,h)$ 对 h 有正齐次性. 另一方面，对于任何 $h_1, h_2 \in \mathbf{R}^2$，由 f 是凸函数，可得

$$\delta_+ f(x, h_1 + h_2) = \lim_{\substack{t \to 0 \\ t > 0}} \frac{f(x + t(h_1 + h_2)) - f(x)}{t}$$

$$\leqslant \lim_{\substack{t \to 0 \\ t > 0}} \frac{f(x + 2th_1) + f(x + 2th_2) - 2f(x)}{2t}$$

$$= \lim_{\substack{t \to 0 \\ t > 0}} \frac{f(x + 2th_1) - f(x)}{2t} + \lim_{\substack{t \to 0 \\ t > 0}} \frac{f(x + 2th_2) - f(x)}{2t}$$

$$= \delta_+ f(x, h_1) + \delta_+ f(x, h_2)$$

即 $\delta_+ f(x,h)$ 对 h 有次可加性. 因此，$\delta_+ f(x,h)$ 是 h 的次线性函数.

推论　如果凸函数 f 对于任何 $h \in \mathbf{R}^2$，$\delta f(x,h)$ 都存在，那么 $\delta f(x,h)$ 是 h 的线性函数，即存在 $p \in \mathbf{R}^2$，满足

$$\forall h \in \mathbf{R}^2, \delta f(x,h) = \langle p, h \rangle$$

事实上,这时

$$\delta f(x,h) = \delta_+ f(x,h) = \delta_- f(x,h) = -\delta_+ f(x,-h)$$

从而$-\delta f(x,h)=\delta_+ f(x,-h)$都是 h 的次线性函数.因此,$\delta f(x,h)$是 h 的线性函数(为什么?).

不难看出,这里的 p 就是 f 在点 x 处的梯度向量 $\nabla f(x)$.

尽管我们已经指出真凸函数 f 在点 $x\in \operatorname{int}\operatorname{dom} f$ 处的各方向的右导数都存在,但这还不能说明 f 在点 x 处连续,而只能说明 f 在各方向都连续.然而,进一步的分析即可指出,f 确实是在 $\operatorname{int}\operatorname{dom} f$ 的每一个点上连续.我们甚至有以下更强的结果:

定理 9　设 f 为 $\mathbf{R}^2$ 上的真凸函数,$x\in \operatorname{int}\operatorname{dom} f$.那么 f 在点 x 附近 Lipschitz 连续,即

$$\exists \varepsilon > 0, \exists c_x > 0, \forall x_1, x_2 \in \{y \in \mathbf{R}^2 \mid \| y - x \| < \varepsilon\}$$
$$| f(x_1) - f(x_2) | \leqslant c_x \| x_1 - x_2 \| \tag{83}$$

证明　我们不妨设 $x=0$,并设 e_1, e_2 为 $\mathbf{R}^2$ 的单位坐标向量.那么由 f 在各方向连续,故存在常数 $C>0,\delta>0$,使得当$|t|\leqslant\delta$时,有

$$f(te_1), f(te_2) \leqslant C$$

这样,在点$\pm\delta e_i, i=1,2$,所围成的正方形中,由于其中每一点都可表示为

$$x = \lambda_1 t_1 e_1 + \lambda_2 t_2 e_2$$

这里$|t_i| \leqslant \delta, \lambda_i \in [0,1], i=1,2; \lambda_1 + \lambda_2 = 1$，故由 f 是凸函数，我们可得

$$f(x) \leqslant \lambda_1 f(t_1 e_1) + \lambda_2 f(t_2 e_2) \leqslant C$$

特别是，这说明，存在一个包含在上述正方形中的小圆

$$B := \{x \in \mathbf{R}^2 \mid \|x\| < \gamma\}, \gamma > 0 \tag{84}$$

使得

$$\forall x \in B, f(x) \leqslant C \tag{85}$$

另一方面，由 f 是凸函数又可得

$$\forall x \in B, f(x) \geqslant 2f(0) - f(-x) \geqslant 2f(0) - C \tag{86}$$

由式(85)和式(86)立即得到，存在常数 $C_1 > 0$，使得

$$\forall x \in B, |f(x)| \leqslant C_1 \tag{87}$$

现在设

$$B_1 := \frac{1}{2}B = \{x \in \mathbf{R}^2 \mid \|x\| < \gamma/2\} \tag{88}$$

$$x_1, x_2 \in B_1, \alpha := \|x_1 - x_2\| \tag{89}$$

以及

$$y = x_1 + \frac{\gamma}{2\alpha}(x_1 - x_2) \tag{90}$$

那么由式(88)～(90)，可得 $y \in B$，且有

$$x_1 = \frac{2\alpha}{2\alpha+\gamma}y + \frac{\gamma}{2\alpha+\gamma}x_2 \tag{91}$$

因此,由 f 是凸函数,式(91)导致

$$f(x_1) \leqslant \frac{2\alpha}{2\alpha+\gamma}f(y) + \frac{\gamma}{2\alpha+\gamma}f(x_2)$$

$$f(x_1) - f(x_2) \leqslant \frac{2\alpha}{2\alpha+\gamma}[f(y) - f(x_2)]$$

$$\leqslant \frac{4\alpha}{\gamma}C_1 = \frac{4C_1}{\gamma}\| x_1 - x_2 \|$$

取 $c_x := 4C_1/\gamma$,并考虑到 x_1 和 x_2 的地位可以对调,即得式(83). □

我们在前面看到,用求导数来判断一个函数是否凸函数十分有效. 在多变量情形类似的定理仍然成立. 只是在现在的情形,一阶导数被梯度向量所代替,而二阶导数被二阶偏导数矩阵("Hesse 矩阵")所代替. 对于熟悉多变量微分学的读者来说,这时,我们可以看到,定理 2 有下列推广:

定理 10　设 f 为 $\mathbf{R}^2$ 的凸开集 Ω 上的实值函数. 如果 f 在 Ω 上可微,那么 f 为 Ω 上的凸函数的充要条件为 f 的梯度 ∇f 满足

$$\forall x_1, x_2 \in \Omega, \langle \nabla f(x_2) - \nabla f(x_1), x_2 - x_1 \rangle \geqslant 0 \tag{92}$$

如果 f 在 Ω 上二阶连续可微,那么 f 为 Ω 上的凸函数的充要条件为 f 的 Hesse 矩阵

$$H(x)=\begin{pmatrix}\dfrac{\partial^2 f(x)}{\partial x^{11}} & \dfrac{\partial^2 f(x)}{\partial x^1\partial x^2}\\ \dfrac{\partial^2 f(x)}{\partial x^2\partial x^1} & \dfrac{\partial^2 f(x)}{\partial x^{22}}\end{pmatrix}$$

在 Ω 中处处为非负定矩阵，即

$$\forall h\in\mathbf{R}^2,$$

$$\frac{\partial^2 f(x)}{\partial x^{11}}(h^1)^2+2\frac{\partial^2 f(x)}{\partial x^1\partial x^2}h^1h^2+\frac{\partial^2 f(x)}{\partial x^{22}}(h^2)^2\geqslant 0$$

证明　我们可利用 f 在 Ω 中凸的下列充要条件：对于任何 $x_1,x_2\in\Omega$，$f((1-\lambda)x_1+\lambda x_2)=g_{x_1,x_2}(\lambda)$ 是 $\lambda\in[0,1]$ 的凸函数.

当 f 可微时，$g_{x_1,x_2}(\lambda)$ 也可微，且

$$g'_{x_1,x_2}(\lambda)=\langle\nabla f(x_1+\lambda(x_2-x_1)),x_2-x_1\rangle \tag{93}$$

如果 $g_{x_1,x_2}(\lambda)$ 是凸函数，则 $g'_{x_1,x_2}(\lambda)$ 不减，从而可得

$$\begin{aligned}&g'_{x_1,x_2}(1)-g'_{x_1,x_2}(0)\\&=\langle\nabla f(x_2)-\nabla f(x_1),x_2-x_1\rangle\geqslant 0\end{aligned}$$

即式(92)成立. 反之，如果 ∇f 对任何 $x_1,x_2\in\Omega$ 满足式(93)，那么由式(93)也可证明 $g'_{x_1,x_2}(\lambda)$ 必定不减. 这是因为对于 $\lambda_1,\lambda_2\in[0,1]$，$\lambda_2>\lambda_1$，我们总有

$$\begin{aligned}&g'_{x_1,x_2}(\lambda_2)-g'_{x_1,x_2}(\lambda_1)\\&=\langle\nabla f(x_1+\lambda_2(x_2-x_1))-\\&\quad\nabla f(x_1+\lambda_1(x_2-x_1)),x_2-x_1\rangle\\&\geqslant 0\end{aligned}$$

从而 $g_{x_1,x_2}(\lambda)$是凸函数.

当 f 二阶连续可微时,$g_{x_1,x_2}(\lambda)$也二阶连续可微,且

$$g''_{x_1,x_2}(\lambda)=\langle H(x_1+\lambda(x_2-x_1))(x_2-x_1),x_2-x_1\rangle$$

由于 $x_1,x_2\in\Omega$ 可任取,而 x_2-x_1 可取 $\mathbf{R}^2$ 中的任意方向,故 f 在 Ω 中处处凸的条件:

$$\forall x_1,x_2\in\Omega,\forall\lambda\in[0,1],g''_{x_1,x_2}(\lambda)\geqslant 0$$

等价于 $\forall x\in\Omega,H(x)$非负定. □

最后,我们来考虑 $\mathbf{R}^2$ 上的真凸函数的次微分. 设 $f:\mathbf{R}^2\to\mathbf{R}\cup\{\pm\infty\}$为任意函数. 对单变量函数定义次微分的式(27)现在变为

$$\partial f(x)=\{p\in\mathbf{R}^2\mid\forall y\in\mathbf{R}^2,f(y)-f(x)\geqslant\langle p,x\rangle\}\quad(94)$$

与以前一样,这个定义实际上只是对真凸函数较有意义. 单变量情形的真凸函数的连续点上的次微分等于左、右导数区间的结论现在可以推广为下列定理:

定理 11 设 f 为 $\mathbf{R}^2$ 上的真凸函数,$x\in\operatorname{int}f$. 那么 f 在 x 处次可微,且

$$\partial f(x)=\{p\in\mathbf{R}^2\mid\forall h\in\mathbf{R}^2,\langle p,h\rangle\leqslant\delta+f(x,h)\}\quad(95)$$

同时,$\partial f(x)$是以作为 h 的函数的 $\delta_+f(x,h)$为承托函数的有界闭凸集,且

$$\forall h\in\mathbf{R}^2,\exists p_h\in\partial f(x),\langle p_h,h\rangle=\delta_+f(x,h)\quad(96)$$

证明 如果 $p\in\mathbf{R}^2$ 满足

$$\forall h\in\mathbf{R}^2,\langle p,h\rangle\leqslant\delta_+f(x,h)$$

那么由

$$\delta_+ f(x,h)=\inf_{t>0}\frac{f(x+th)-f(x)}{t}\leqslant f(x+h)-f(x)$$

可得

$$\forall h\in \mathbf{R}^2,\langle p,h\rangle\leqslant f(x+h)-f(x)$$

因此,由定义式(94),$p\in\partial f(x)$.

反之,如果 $p\in\partial f(x)$,那么

$$\forall h \in \mathbf{R}^2,\forall t>0,\langle p,x\rangle\leqslant\frac{f(x+th)-f(x)}{t}$$

因此,也有

$$\forall h \in \mathbf{R}^2,\langle p,h\rangle\leqslant\inf_{t>0}\frac{f(x+th)-f(x)}{t}=\delta_+ f(x,h)$$

这样,式(95)成立.

$\partial f(x)$显然是以 $\delta_+ f(x,h)$(作为 h 的函数)为承托函数的闭凸集.因为 $\delta_+ f(x,h)$作为 h 的次线性函数(从而由定理 9,它是 h 的连续函数)在 $B:=\{h\in\mathbf{R}^2\mid\|h\|\leqslant 1\}$中有界,即存在常数 $C>0$,使得

$$\forall h\in B,\delta_+ f(x,h)\leqslant C$$

从而

$$\forall p\in\partial f(x),\forall h\in\mathbf{R}^2,\langle p,h\rangle\leqslant\delta_+ f(x,h)\leqslant C\|h\|$$

由此不难指出,$\|p\|\leqslant C$.这就是说,$\partial f(x)$是有界的.

最后,由定理 7,我们知道

$$\forall h\in\mathbf{R}^2,\sup_{p\in\partial f(x)}\langle p,h\rangle=\delta_+ f(x,h)$$

同时,我们可如同在命题 1.15 中那样,指出 p 的连续函数 $\langle p,h\rangle$ 在有界闭凸集上一定能达到它的最大值. 因此,式(96)成立. □

这条定理的前半部分的证明与命题 7 的证明是十分相似的.

我们可以看出,本节中的所有结果都能很简单地推广到 $\mathbf{R}^n$ 情形. 关于它们的应用我们将在下节中给出.

习　题

1. 证明:如果 $A\in\mathbf{R}^2$ 是闭凸集,$B\in\mathbf{R}^2$ 是有界闭凸集,那么

$$A+B=\{x\in\mathbf{R}^2 \mid \forall p\in\mathbf{R}^2,\langle p,x\rangle\leqslant\sigma_A(p)+\sigma_B(p)\}$$

2. 证明:

$$\forall A,B\in\mathbf{R}^2,\mathrm{cl\ co}(A\cup B)=\{x\in\mathbf{R}^2 \mid \forall p\in\mathbf{R}^2,$$
$$\langle p,x\rangle\leqslant\max(\sigma_A(p),\sigma_B(p))\}$$

3. 证明:如果 $A\in\mathbf{R}^2$ 是有界集,那么 A°是吸收集,即它以原点为内点;如果 A 是有界吸收集,那么 A°也是有界吸收集.

4. 设 $A=\{x\in\mathbf{R}^2 \mid (x^1)^2/a^2+(x^2)^2/b^2\leqslant 1\}$. 试求 A°、σ_A 和 σA°.

5. 设 $A=\{x\in\mathbf{R}^2 \mid \max(x^1,x^2)\leqslant 1\}$. 试求 A°、σ_A 和 σA°.

§2.7　凸规划

作为本书的最后一节,我们来介绍凸性理论在数学规划理论中的应用. 所谓数学规划理论也就是一种最优化理

论.它研究在一定的约束条件下,如何来寻求某一目标的最优.这种目标往往是一个数值函数,而约束条件通常就是对自变量加上一定的限制.虽然人们在上千年前就已开始研究这类最优化问题,但数学规划理论作为一门独立的数学分支还是在二次世界大战以后逐渐形成的.数学规划理论所使用的数学工具大部分都相当初等.它在这时才得到系统研究主要是因为数学在运筹学、控制论、数理经济学等方面应用需要的推动.而正如我们在前面已经提到过的、凸性理论又作为数学规划理论的核心之一在这时大大发展起来.

数学规划问题最一般的提法为

$$\begin{cases}\min f(x) \\ x \in K\end{cases} \tag{97}$$

这里 f 是个实值函数,K 表示自变量 x 允许变化的范围,它称为规划问题的**约束集**或**可行集**.至于自变量 x 通常取为 $\mathbf{R}^n$ 中的点.在本节中,虽然有时 $n=2$ 的情形也有一定的代表性,但当约束很多时,在 $\mathbf{R}^2$ 情形会使问题变得没有意义.只是在可能的情况下,想象一下在 $\mathbf{R}^2$ 或 $\mathbf{R}^3$ 中的直观图景还是很有好处的.此外,由于我们在 $\mathbf{R}^n$ 中考虑问题,有时就需要一些线性子空间之类的最简单的线性代数概念.

我们首先根据前面的讨论,对数学规划问题的求解理论勾画一下其总的思路.利用指标函数的概念,我们可把问题(97)写成下列形式：

$$\min\{f(x)+\delta_K(x)\} \tag{98}$$

式(98)有解为$\bar{x}\in K$ 的充要条件为

$$0\in\partial(f+\delta_K)(\bar{x}) \tag{99}$$

如果 Moreau-Rockafellar 定理 6 的条件满足，那么我们又有

$$0\in\partial f(\bar{x})+\partial\delta_K(\bar{x}) \tag{100}$$

注意到 δ_K 和次微分的定义，我们有

$$\begin{aligned}\partial\delta_K(x)&=\{p\in\mathbf{R}^n \mid \forall\, y\in\mathbf{R}^n,\langle p,y-x\rangle\\&\qquad\leqslant\delta_K(y)-\delta_k(x)\}\\&=\{p\in\mathbf{R}^n \mid \forall\, y\in K,\langle p,y-x\rangle\leqslant 0\}\end{aligned} \tag{101}$$

显然，$\partial\delta_K(x)$为 $\mathbf{R}^n$ 中的一个闭凸锥，即它不但是个闭凸集，且如果 $p\in\partial\delta_K(x)$，那么对于任何 $\lambda>0$，也有 $\lambda_p\in\partial\delta_K(x)$. 它称为 **$K$ 在 x 处的法向锥**；记作 $N_K(x)$. 考虑到内积的几何意义是两个向量的范数与它们夹角的余弦的乘积，式(101)意味着 p 与 $y-x$ 的夹角不小于$\pi/2$. 因此，在二维情形，K 在点 x 处的法向锥大致如图 24 所示.

如果 K 是“平直”的，或者说，K 是 $\mathbf{R}^n$ 的线性子空间(例如，K 是 $\mathbf{R}^2$ 中的一条通过原点的直线)时，对于 $x\in K$，我们有

$$N_K(x)=\{p\in\mathbf{R}^n \mid \forall\, y\in K,\langle p,y\rangle=0):=K^{\perp}$$

即 $N_K(x)$是 K 的正交子空间(在上述例子中就是与该直线

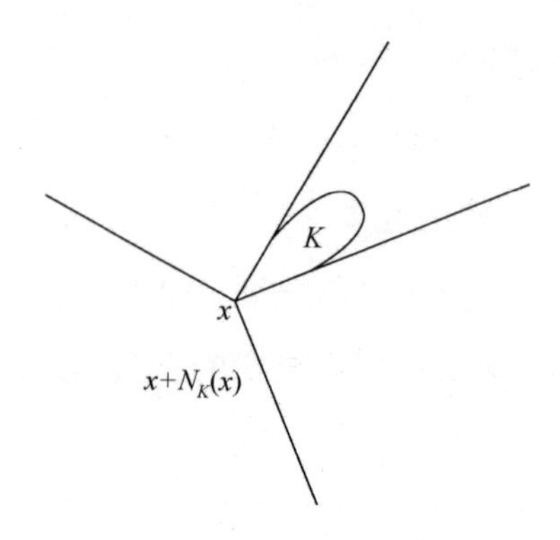

图 24　法向锥

垂直的直线). 也就是 K 的“法线方向”全体. 特别是,如果

$$K=\{x\in\mathbf{R}^n\mid\langle p_i,x\rangle=0,i=1,2,\cdots,k.\},k<n \tag{102}$$

那么对于 $x\in K$,

$$N_K(x)=\{p\in\mathbf{R}^n\mid p=\sum_{i=1}^{k}\mu_i p_i,\mu_i\in\mathbf{R},i=1,2,\cdots,k.\} \tag{103}$$

联系到我们的问题(98),条件(100)就变为

$$0\in\partial f(\overline{x})+N_K(\overline{x}) \tag{104}$$

它可以解释为:次微分中有一方向与约束集中的某法线方向相反. 它恰好就是多变量微分学的条件极值问题的 Lagrange 乘子定理在这一情形的推广.

下面我们将对较具体的数学规划来讨论这些问题. 最常见的数学规划问题有下列形式:

$$(\mathscr{P})\quad\begin{cases}\min f(x)\\ g_i(x)\leqslant 0, i=1,2,\cdots,p;\\ h_j(x)=0, j=1,2,\cdots,q.\end{cases}$$

这里 $f, g_i, i=1,2,\cdots,p; h_j, j=1,2,\cdots,q$ 都是 $\mathbf{R}^n$ 上的函数.我们都可以允许它们取 $\pm\infty$.我们已经看到,有些数理经济学概念的提出就可归结为这类规划问题.这里我们可以设想:x 为某生产问题的投入,$f(x)$为成本,而那些不等式和等式则是投入所受到的各种限制.

定义 15　f 称为数学规划问题($\mathscr{P}$)的**目标函数**.$g_i(x)\leqslant 0, i=1,2,\cdots,p$ 称为问题($\mathscr{P}$)的**不等式约束**.$h_j(x)=0, j=1,2,\cdots,q$ 称为问题($\mathscr{P}$)的**等式约束**.集合

$$K=\{x\in\mathbf{R}^n \mid \quad g_i(x)\leqslant 0, i=1,2,\cdots,p; \\ h_j(x)=0, j=1,2,\cdots,q.\} \tag{105}$$

称为问题($\mathscr{P}$)的**约束集**或**可行集**.如果存在 $\hat{x}\in K$ 满足

$$f(\hat{x})=\min_{x\in K} f(x)$$

那么 $\hat{x}$ 称为问题($\mathscr{P}$)的**解**.而$\min\limits_{x\in K} f(x)$则称为问题($\mathscr{P}$)的**值**.

我们暂时对 f, g_i, h_j 等不作任何假定,先来讨论有关问题($\mathscr{P}$)的一些一般结论.如上所述,引入指标函数 δ_K,那么问题($\mathscr{P}$)等价于

$$(\mathscr{P})\quad \min\{f(x)+\delta_K(x)\}$$

对于现在的 K,δ_K 实际上可用 g_i 和 h_j 表示出来.

命题 12 $\delta_K(x) = \sup\limits_{\lambda \in \mathbf{R}_+^p, \mu \in \mathbf{R}^q} \{\langle \lambda, g(x) \rangle + \langle \mu, h(x) \rangle\}$

$$= \sup_{\lambda \in \mathbf{R}_+^p, \mu \in \mathbf{R}^q} \left\{ \sum_{i=1}^{p} \lambda_i g_i(x) + \sum_{j=1}^{q} \mu_j h_j(x) \right\}$$

这里

$$g(x) = (g_1(x), g_2(x), \cdots, g_p(x)) \in \mathbf{R}^p$$

$$h(x) = (h_1(x), h_2(x), \cdots, h_q(x)) \in \mathbf{R}^q$$

$$\lambda = (\lambda_1, \lambda_2, \cdots, \lambda_p) \in \mathbf{R}_+^p$$

$$= \{\lambda \in \mathbf{R}^p \mid \lambda_i \geqslant 0, i = 1, 2, \cdots, p.\}$$

$$\mu = (\mu_1, \mu_2, \cdots, \mu_q) \in \mathbf{R}^q$$

证明 事实上,

$$\sup_{\lambda \in \mathbf{R}_+^p, \mu \in \mathbf{R}^q} \{\langle \lambda, g(x) \rangle + \langle \mu, h(x) \rangle\}$$

$$= \sum_{i=1}^{p} \sup_{\lambda_i \geqslant 0} \lambda_i g_i(x) + \sum_{j=1}^{q} \sup_{\mu_j \in \mathbf{R}} \mu_j h_j(x)$$

而

$$\sup_{\lambda_i \geqslant 0} \lambda_i g_i(x) = \begin{cases} 0 & \text{当 } g_i(x) \leqslant 0 \\ +\infty & \text{当 } g_i(x) > 0 \end{cases} \quad i = 1, 2, \cdots, p.$$

$$\sup_{\mu_j \in \mathbf{R}} \mu_j h_j(x) = \begin{cases} 0 & \text{当 } h_j(x) = 0 \\ +\infty & \text{当 } h_j(x) \neq 0 \end{cases} \quad j = 1, 2, \cdots, q.$$

由 K 和 δ_K 的定义即得命题成立.

上述命题可以有如下的经济解释:$\lambda_i g_i(x)$可以看作破坏第 i 个不等式约束时的“罚款”,而 λ_i 可看作“单位罚款”;同样,$\mu_j h_j(x)$也可有类似的解释. 原来生产者考虑的问题是在一定的约束条件下的“成本最小”问题. 如果把“罚款”考虑在内,那么生产者可以不必顾及约束,而只需考虑“成本”加上“罚款”的最小问题. 后一问题的解可能是不满足约束的,但是如果使“罚款”尽可能大,那么后一问题实际上与前一问题是一回事. δ_K 就是一个“理想惩罚函数”. 只要生产者稍有违反约束,“罚款”都是无限大.

不过,命题 12 只有形式意义. 真正令人感兴趣的是是否有“合适的单位罚款”$(\hat{\lambda},\hat{\mu})$,使得问题$(\mathscr{P})$的解能归结为求解下列问题:

$$(\mathscr{P}') \quad \min\{f(x)+\langle\hat{\lambda},g(x)\rangle+\langle\hat{\mu},h(x)\rangle\}, x\in\mathbf{R}^n$$

这种“合适的单位罚款”$(\hat{\lambda},\hat{\mu})$称为问题$(\mathscr{P})$的 **Lagrange 乘子**. 我们下面的任务是指出对于凸规划来说,在一定条件下,这种 Lagrange 乘子的存在.

直到现在为止,我们没有对前面提到的规划问题中所涉及的函数作任何假定. 从下面开始,我们将只讨论与本书主题有关的凸规划.

定义 16 如果在规划问题(98)中,f 是 $\mathbf{R}^n$ 上的凸函数,K 是 $\mathbf{R}^n$ 的凸集,那么(98)称为**凸规划**.

我们先讨论没有不等式约束的凸规划. 这时为使约束集 K 为凸集,所有 h_j 都应该是仿射函数. 这样一来,我们将有

$$h_j(x)=\langle p_j,x\rangle-\alpha_j, j=1,2,\cdots,q \tag{106}$$

而

$$K = \{x \in \mathbf{R}^n \mid \langle p_j, x \rangle = \alpha_j, j = 1,2,\cdots,q.\} \tag{107}$$

是 $\mathbf{R}^n$ 中的一些超平面的交集；它称为 $\mathbf{R}^n$ 的仿射集. 因此，我们的问题现在将表述为

$$(\mathscr{H}) \quad \begin{cases} \min f(x) \\ \langle p_j, x \rangle = \alpha_j, j = 1,2,\cdots,q. \end{cases}$$

对于这样的问题($\mathscr{H}$)的 Lagrange 乘子的存在性可由下列著名的定理得到：

定理 12（Hahn-Banach） 设 $f:\mathbf{R}^n \to \mathbf{R} \cup \{+\infty\}$ 为真凸函数，且 $0 \in \text{int dom } f$ 以及 $f(0)=0$. $H \subset \mathbf{R}^n$ 为 $\mathbf{R}^n$ 的线性子空间，$p_H: H \to \mathbf{R}$ 为定义在 H 上的线性函数. 如果

$$\forall x \in H, f(x) \geqslant p(x) \tag{108}$$

那么存在 $\hat{p} \in \mathbf{R}^n$，使得

$$\begin{cases} \text{(i)} \quad \forall x \in \mathbf{R}^n, f(x) \geqslant \langle \hat{p}, x \rangle; \\ \text{(ii)} \quad \forall x \in H, p(x) = \langle \hat{p}, x \rangle. \end{cases} \tag{109}$$

证明　令　$\forall x \in \mathbf{R}^n, F(x) = f(x) - p(x) + \delta_H(x)$

这里 p 在 H 外有无定义无关紧要，因为已有 δ_H 在 H 外取了 $+\infty$. 那么由 $f(0)=0$ 和(109)，可知 F 在原点 0 处达到了最小值. 因此，

$$0 \in \partial F(0)$$

另一方面，令 $g = \delta_H - p$. 则由 $0 \in \text{int dom } f \cap \text{dom } g$，对于

f 和 g 可以应用 Moreau-Rockafellar 定理 6. 因此，又有

$$0 \in \partial f(0) + \partial(\delta_H - p)(0)$$

即存在 $\hat{p} \in \mathbf{R}^n$，使得

$$\hat{p} \in \partial f(0) \tag{110}$$

$$-\hat{p} \in \partial(\delta_H - p)(0) \tag{111}$$

但式(110)即式(109)的(i)，而式(111)可导出

$$\forall x \in H, -p(x) \leqslant -\langle \hat{p}, x \rangle$$

考虑到 H 是 $\mathbf{R}^n$ 的线性子空间和 p 在 H 上是线性函数，上式即式(109)的(ii). □

这条定理是一门研究“无限维空间上的分析”的数学学科——泛函分析中的最重要的定理之一. 已经知道它与凸集分离定理等价. 而我们在这里则是通过 Moreau-Rockafellar 定理 6 来证明的. 这也说明定理 6 也与凸集分离定理等价. 用凸集分离定理直接来证明 Hahn-Banach 定理 12 也不难. 这时我们甚至不需要条件 $f(0)=0$. 有了定理 12 以后，我们立即可得下列命题；它自然也可用 Moreau-Rockafellar 定理 6 来证明.

命题 13　设问题($\mathscr{H}$)中的函数 $f: \mathbf{R}^n \to R \cup \{+\infty\}$ 为真凸函数，$\hat{x} \in K$ 为问题($\mathscr{H}$)的解，并且 f 在 $\hat{x}$ 处连续. 那么存在 $\hat{\mu} \in \mathbf{R}^q$ 使得 $\hat{x} \in K$ 也是下列问题的解：

$$\min\left\{ f(x) + \sum_{j=1}^{q} \hat{\mu}_j h_j(x) \right\}, x \in \mathbf{R}^n \tag{112}$$

并且

$$0 \in \partial f(\hat{x}) + \sum_{j=1}^{q} \hat{\mu}_j \partial h_j(\hat{x}) = \partial f(\hat{x}) + \sum_{j=1}^{q} \hat{\mu}_j p_j \tag{113}$$

证明 不妨设 $\hat{x}=0\in K, f(\hat{x})=0$. 否则作坐标变换，令 $y=x-\hat{x}, g(y)=f(y+\hat{x})-f(\hat{x})$，考虑对 y 的函数 g 的规划问题. 这时，在式(106)和式(107)中的所有 α_j 都将为零，使得 $H:=K$ 成为 $\mathbf{R}^n$ 的线性子空间. 定理的假设现在变为

$$\forall x \in H, f(x) \geqslant f(0) = 0$$

从而由 f 在 $\hat{x}=0$ 处连续(它等价于 $0\in \text{int dom } f$)和定理12(其中 $p(x)\equiv 0$)，存在 $\hat{p}\in \mathbf{R}^n$，使得

$$\begin{cases} \text{(i)} \quad \forall x \in \mathbf{R}^n, f(x) \geqslant \langle \hat{p}, x\rangle; \\ \text{(ii)} \quad \forall x \in H, \langle \hat{p}, x\rangle = 0. \end{cases} \tag{114}$$

由式(114)的(ii)可知，$\hat{p}$ 是 $K=H$ 的法线方向. 联系到前面的式(102)和式(103)以及式(114)的(i)，即得命题的前半部成立. 再由问题(112)的解的充要条件和 Moreau-Rockafellar 定理 6，我们对 $\hat{x}=0$ 得到式(113). □

现在我们来讨论没有等式约束的规划问题($\mathscr{P}$). 它的形式将为

$$\text{(g)} \quad \begin{cases} \min f(x) \\ g_i(x) \leqslant 0, i = 1,2,\cdots,p. \end{cases}$$

这时为使(g)为凸规划,所有 g_i 应该是凸函数. 为讨论这种只有凸函数不等式约束的凸规划问题,我们先证明一条有关凸函数的一般定理. 由于它有众多应用,有时称它为"凸函数基本定理".

定理 13　设 $f_1, f_2, \cdots, f_m$ 为 $\mathbf{R}^n$ 上的凸函数,且满足

$$\forall x \in \mathbf{R}^n, \max_{1 \leqslant i \leqslant m} f_i(x) \geqslant 0 \tag{115}$$

那么存在不全为零的非负实数 $\nu_1, \nu_2, \cdots, \nu_m \geqslant 0$,使得

$$\forall x \in \bigcap_{i=1}^{m} \operatorname{dom} f_i, \quad \nu_1 f_1(x) + \nu_2 f_2(x) + \cdots + \nu_m f_m(x) \geqslant 0 \tag{116}$$

如果存在 $\hat{x} \in \mathbf{R}^n$ 使得

$$\max_{1 \leqslant i \leqslant m} f_i(\hat{x}) = 0, \tag{117}$$

那么 $\nu_1, \nu_2, \cdots, \nu_m$ 还满足

$$\nu_i f(\hat{x}) = 0, i = 1, 2, \cdots, m \tag{118}$$

此外,如果 $\bigcap_{i=1}^{m} \operatorname{dom} f_i = \mathbf{R}^n$,那么还有下列关系式成立:

$$0 \in \nu_1 \partial f_1(\hat{x}) + \nu_2 \partial f_2(\hat{x}) + \cdots + \nu_m \partial f_m(\hat{x}) \tag{119}$$

证明　定义 $\mathbf{R}^m$ 中的集合为

$$A = \{y = (y^1, y^2, \cdots, y^m) \in \mathbf{R}^m \mid \exists x \in \mathbf{R}^n$$

$$f_1(x) < y^1, f_2(x) < y^2, \cdots, f_m(x) < y^m\} \tag{120}$$

那么容易验证 A 是凸集. 事实上,对于任何 $y_1, y_2 \in A$,存在 $x_1, x_2 \in \mathbf{R}^n$,使得

$$f_1(x_1) < y_1^1, f_2(x_1) < y_1^2, \cdots, f_m(x_1) < y_1^m$$

$$f_1(x_2) < y_2^1, f_2(x_2) < y_2^2, \cdots, f_m(x_2) < y_2^m$$

从而对于任何 $\lambda \in [0,1]$ 有

$$\begin{aligned} f_1((1-\lambda)x_1 + \lambda x_2) &\leqslant (1-\lambda)f_1(x_1) + \lambda f_1(x_2) \\ &< (1-\lambda)y_1^1 + \lambda y_2^1 \\ f_2((1-\lambda)x_1 + \lambda x_2) &\leqslant (1-\lambda)f_2(x_1) + \lambda f_2(x_2) \\ &< (1-\lambda)y_1^2 + \lambda y_2^2 \\ &\vdots \\ f_m((1-\lambda)x_1 + \lambda x_2) &\leqslant (1-\lambda)f_m(x_1) + \lambda f_m(x_2) \\ &< (1-\lambda)y_1^m + \lambda y_2^m \end{aligned}$$

因此，$(1-\lambda)y_1 + \lambda y_2 \in A$. 由此证得 A 是凸集.

由定理条件(116)可知，$0 \notin A$. 故由凸集分离定理，0 与 A 可用超平面分离；即存在 $\nu = (\nu_1, \nu_2, \cdots, \nu_m) \in \mathbf{R}^m$，$\nu \neq 0$，使得

$$\forall\, y \in A, \langle \nu, y \rangle = \sum_{i=1}^{m} \nu_i y^i \geqslant 0 \tag{121}$$

由于这里的每一个 y^i 都可以任意大，故每一个 ν_i 都不可能小于 0；否则上述不等式不可能成立. 同时，对于任何 $x \in \bigcap_{i=1}^{m} \mathrm{dom}\, f_i$，且 $f_i(x) > -\infty$，$i = 1, 2, \cdots, m$，以及 $\varepsilon > 0$，有

$$(f_1(x) + \varepsilon, f_2(x) + \varepsilon, \cdots, f_m(x) + \varepsilon) \in A \tag{122}$$

因此，由式(121)、式(122)和 ε 的任意性，即得式(116). 而如果存在 $x_0 \in \bigcap_{i=1}^{m} \mathrm{dom}\, f_i$，使得某个 $f_i(x_0) = -\infty$，那么这时由于对应的 y^i 可取任意实值，必导致 $\nu_i = 0$，且式(122)

中对应的$f_i(x)+\varepsilon$可代替为任意实数,以至式(116)仍能成立.这样定理的前半部得证.

如果式(119)成立,则

$$f_i(\hat{x}) \leqslant 0, i=1,2,\cdots,m \tag{123}$$

但$\nu_1,\nu_2,\cdots,\nu_m \geqslant 0$,故式(118)可由式(116)和式(123)导得.

最后,由式(116)和式(118),当$\bigcap_{i=1}^{m} \mathrm{dom}\ f_i = \mathbf{R}^n$时可得

$$0 \in \partial(\nu_1 f_1 + \nu_2 f_2 + \cdots + \nu_m f_m)(\hat{x})$$

再由 Moreau-Rockafellar 定理 6 即得式(119). □

由定理 13 我们立即可导得下列命题:

命题 14 设规划问题($\mathscr{G}$)中的函数f和$g_1,g_2,\cdots,g_p$都是$\mathbf{R}^n$上的实值凸函数(不取$\pm\infty$).如果$\hat{x}\in\mathbf{R}^n$是($\mathscr{G}$)的解,那么存在不全为零的非负实数$\hat{\lambda}_0,\hat{\lambda}_1,\hat{\lambda}_2,\cdots,\hat{\lambda}_m \geqslant 0$,使得$\hat{x}$也是下述规划问题的解:

$$\min\left\{\hat{\lambda}_0 f(x) + \sum_{i=1}^{p}\hat{\lambda}_i g_i(x)\right\}, x \in \mathbf{R}^n \tag{124}$$

的解,并且

$$\hat{\lambda}_i g_i(\hat{x}) = 0, \quad i=1,2,\cdots,p \tag{125}$$

$$0 \in \hat{\lambda}_0 \partial f(\hat{x}) + \sum_{i=1}^{p}\hat{\lambda}_i \partial g_i(\hat{x}) \tag{126}$$

证明 事实上,在命题条件下,不难验证,

$$\forall x \in \mathbf{R}^n, \max_{1\leqslant i\leqslant p}\{f(x)-f(\hat{x}), g_i(x)\} \geqslant 0$$

从而由定理 13，存在不全为零的非负实数 $\hat{\lambda}_0,\hat{\lambda}_1,\cdots,\hat{\lambda}_p$，使得下式成立：

$$\forall x \in \mathbf{R}^n, \hat{\lambda}_0 f(x)+\hat{\lambda}_1 g_1(x)+\cdots+\hat{\lambda}_p g_p(x) \geqslant 0$$

因此，$\hat{x}$ 是式(124)的解，并且式(125)和式(126)成立.

把命题 13 和 14 结合起来，我们就得到下列

定理 14（**Fritz John**）　设在规划问题($\mathscr{P}$)中的 $f,g_1,g_2,\cdots,g_p$ 都是 $\mathbf{R}^n$ 上的实值凸函数；$h_1,h_2,\cdots,h_q$ 都是 $\mathbf{R}^n$ 上的仿射函数. 如果 $\hat{x}\in\mathbf{R}^n$ 是问题($\mathscr{P}$)的解，那么存在不全为零的非负实数 $\hat{\lambda}_0,\hat{\lambda}_1,\cdots,\hat{\lambda}_p\geqslant 0$，以及存在实数 $\hat{\mu}_1,\hat{\mu}_2,\cdots,\hat{\mu}_q\in\mathbf{R}$，使得 $\hat{x}$ 也是下列规划问题的解：

$$(\mathscr{P}')\quad \min\left\{\hat{\lambda}_0 f(x)+\sum_{i=1}^{p}\hat{\lambda}_i g_i(x)+\sum_{j=1}^{q}\hat{\mu}_j h_j(x)\right\}$$

并且

$$\hat{\lambda}_i g_i(\hat{x})=0, i=1,2,\cdots,p \tag{127}$$

$$0 \in \hat{\lambda}_0 \partial f(\hat{x})+\sum_{i=1}^{p}\hat{\lambda}_i \partial g_i(\hat{x})+\sum_{j=1}^{q}\hat{\mu}_j \partial h_j(\hat{x}) \tag{128}$$

证明　令　$F(x):=\max\limits_{1\leqslant i\leqslant p}\{f(x)-f(\hat{x}),g_i(x)\}$

我们先考虑下列规划问题：

$$(\mathscr{H}')\quad \begin{cases}\min F(x)\\ h_j(x)=0, i=1,2,\cdots,q.\end{cases}$$

不难验证，$\hat{x}$ 也是($\mathscr{H}'$)的解. 因此，由命题 13，存在 $\hat{\mu}_1,\hat{\mu}_2,\cdots,\hat{\mu}_q\in\mathbf{R}$，使得 $\hat{x}$ 也是下列规划问题的解：

$$\min\left\{F(x)+\sum_{j=1}^{q}\hat{\mu}_j h_j(x)\right\},x\in\mathbf{R}^n$$

与上一命题一样证明，可得不全为零的非负实数 $\hat{\lambda}_0,\hat{\lambda}_1,\cdots,\hat{\lambda}_p$ 的存在，使得 $\hat{x}$ 也是规划问题($\mathscr{P}$)的解，且满足式(127)和式(128).　□

这条定理是后来成为一位偏微分方程方面的大家的弗里茨・约翰(Fritz John)在1948年提出的. 它是早期数学规划理论中最重要的定理之一. 但是它还有一个较大的缺陷，那就是定理中的 $\hat{\lambda}_0$ 是有可能为零的. 而如果 $\hat{\lambda}_0$ 为零，被归结的新的规划问题与目标函数 f 间将没有关系. 这显然意义不大. 因此，我们应该寻求使 $\hat{\lambda}_0$ 不为零的条件. 一般说来，$\hat{\lambda}_0=0$ 是可能的. 例如，对于下列简单的 $\mathbf{R}$ 上的凸规划问题：

$$\begin{cases}\min x^2\\ x\leqslant 0\end{cases}$$

其相应的 $\hat{\lambda}_0$ 只可能为零(请读者自行验证). 使 $\hat{\lambda}_0>0$(这时显然可取 $\hat{\lambda}_0=1$)的一种条件由斯莱特(Slater)提出，不久由库恩(Kuhn)和塔克(Tucker)写进他们在20世纪50年代初提出的定理中. Kuhn-Tucker 原来的定理是对可微函数的规划及其函数的梯度提出的. 后来人们发现其中最本质的部分实际上是把原规划变为其近似的凸规划来处理解决的. Kuhn-Tucker 定理的出现是数学规划理论形成的标志.在这以前,人们虽然也用微分学来研究带约束条件的最优化问题,得到过 Lagrange 乘子定理等结果,但是几乎从未有人研究过带不等式约束的最优化问题.当 Kuhn-Tucker 定理被大家所熟知后,有人发现,早在 1939 年就有一位姓卡鲁什(Karush)的芝加哥大学的大学生已经在其硕士论文中提出了"Kuhn-Tucker 定理".可惜这篇论文一直没有发表.这一方面说明年轻的大学生也有可能做出很出色的研究;另一方面还说明,科研工作所受到的重视往往取决于社会对它的需求.正如我们前面已经提到,数学规划理论是在第二次世界大战以后,由于数学的应用范围扩大到运筹学、控制论、经济学等新领域才逐渐形成.Kuhn-Tucker 定理是在那种需求的推动下出现的,而卡鲁什似乎有点生不逢时.幸而,最终他对科学的贡献并未被人们所遗忘.

凸规划的理论是相当丰富的.限于篇幅,本书的数学内容就只能在此用 Kuhn-Fucker 定理来画句号.

定理 15(Kuhn-Tucker) 在定理 14 的条件下,如果下列 Slater 条件满足:

$$(\mathscr{S})\quad \begin{cases} \exists\, x_0 \in \mathbf{R}^n, & g_i(x_0) < 0, i = 1,2,\cdots,p; \\ & h_j(x_0) = 0, j = 1,2,\cdots,q. \end{cases}$$

那么定理 14 中的 $\hat{\lambda}_0$ 可取为 1.

证明 事实上,由 $\hat{x}$ 是($\mathscr{P}$)的解和式(128),可得

$$\forall x \in \mathbf{R}^n, \hat{\lambda}_0 f(x) + \sum_{i=1}^{p} \hat{\lambda}_i g_i(x) + \sum_{j=1}^{q} \hat{\mu}_j h_j(x) \geqslant \hat{\lambda}_0 f(\hat{x})$$

如果 $\hat{\lambda}_0 = 0$,那么

$$\forall x \in \mathbf{R}^n, \sum_{i=1}^{p} \hat{\lambda}_i g_i(x) + \sum_{j=1}^{q} \hat{\mu}_j h_j(x) \geqslant 0$$

把条件($\mathscr{S}$)中的 x_0 代入,我们得到

$$\sum_{i=1}^{p} \hat{\lambda}_i g_i(x_0) \geqslant 0$$

但 $g_i(x_0) < 0, \hat{\lambda}_i \geqslant 0, i = 1, 2, \cdots, p$. 这仅当所有 $\hat{\lambda}_i$ 都为零时才有可能. 与它们不全为零矛盾. □

结 语

“凸性”是一个很能发挥的数学主题. 人们对“凸性”有直观感觉,但又说不大清楚. 凸性理论就是希望用公理化方法把这种直观感觉说清楚,并由此演变出一套数学来. 这套数学应该抓住“凸性”的本质,而不仅是一些表面联系. 在我们看来,“凸性”的本质刻画是凸集承托定理或凸集分离定理,其他都是由此延伸的. 而没有用到这两定理的凸性结果在层次上就要低一些. 只是层次低不等于无用. 凸性不等式和凸函数的导数性质只用到凸集的定义,却是一种能导出一系列极为有用的结果的成功方法.

数学家的创造性往往在于别出心裁,但是作为较成熟的数学工具的理论和方法,则总希望它简单明了,顺理成章,而不应给人有费尽心机之感. 在这点上,凸性理论是符合布尔巴基要求的,即它完全可从数学结构的观点出发,用合理组织的途径来勾画理论的全貌，其中方法是由前提自然推出的，不需任何奥妙的技巧. 但是我们没有像布尔巴基那样搞得过分干净，纯而又纯，并且完全割断数学理论与现实的联系；相反，我们一再强调认识上的不断深化和现实世界中的凸性.

我们这本题为《凸性》的小册子从“凹凸”这两个汉字讲起，一直在啰里啰唆地东拉西扯. 这可能是作者已不太年青的缘故. 人在年轻时，爱故作高深态来藏拙；人到中年，明明是在把自己的浅薄暴露无遗，也总要喋喋不休地表白自己的一孔之见.

作者的管见在于对一些数学书的“标准写法”越来越不满意. 在这种“标准的”数学书中，语言常常是“电报式”的，并且绝不带任何感情色彩. 一上来是天上掉下来的“定义”，接着是尽可能一般的“命题”“引理”“定理”，然后是一系列面面俱到的“例”和“注”. 这或许也是布尔巴基造成的. 没有他们那几十本《数学原理》，可能没有那么多的人这样来写数学书. 但是一名好的数学教师或讲演者(一些著名的布尔巴基分子自己就是如此)，常常只把这样的数学书当作提纲和备忘录；在讲堂上则另用生动的语言来描述其中的来龙去脉. 遗憾的是有不少人的讲演并非如此. 他们往往把这样的数学书往黑板上一抄，再用干巴巴的话略作解释，就算了事. 听讲者昏昏欲睡，索然无味，渐而渐之甚至还使一些学生对数学深恶痛绝.

还有一种数学书的写法目前在一些普及读物中流行.那就是把数学简单地归结为解难题,而数学书也就是提供解答难题的各种诀巧妙法,但又点到为止,不求其解.读者只能对前辈数学家独具慧眼惊叹万分,很难领略各数学领域的全貌和发展过程.

对于一个善于思索的数学初学者来说,他会努力透过书上干枯的骨架去体会数学的内在美.偶有心得,欣喜异常;若有幸听名家开导,更会感豁然开朗.但更多的人则因那些不知所云的名词对数学敬而远之,或因那些绞人脑汁的难题对数学望而生畏.不单是有不少中学生发誓毕业后不再碰数学.甚至连许多大学数学系的学生都常抱怨自己投错了胎.

诚然,上述两类"标准的"数学书是必不可少的.但是能否再写一些不太吓唬人的数学书呢?这也是作者作为这套"走向数学"丛书编委的初衷之一.数学并非只是一种唯专家才能通晓的天书语言,也不只是极少数智力超群者角逐的竞技游戏.人类之所以要研究数学,并且让每个受教育者都要花大量时间去学数学,首先因为它是人类认识世界和改造世界的有力工具,而不是因为它是一种供个别人鉴赏的艺术品.可惜现代数学的作者们能想到这点的人实在不多.不少人追求的是理论的完美无缺,问题的艰难深奥,从不过问它们怎样来源现实和回到现实,也很少探求其演变的历史,似乎越远离尘世越好.尽管作为科学的总结,人们需要“纯净的”数学著作.但是如果所有的数学书都是那样冷冰冰的面孔,追随者自然要越来越少.这似乎也是目前大学数学系越办越不景气的一个原因.

当然,写得精彩的数学书也相当多.已故的华罗庚教授的书就极为精彩.我们在本丛书的华罗庚、王元两位先生合写的书中可重领其风采.又如,最近在国内出版的美国加州大学教授伍鸿熙先生与人合作的两本几何书,连作者这个外行也爱不释手.他们的共同特征之一是抓住重点,徐徐道来,令人不知不觉地就跟着进入了数学美境.形式上也有定义、定理等,但已不再是从天而降的飞来之物.这本《凸性》很想模仿他们的写法.只是作者根底太浅,可能是“画虎不成反类犬”,反而贻笑大方.不过作者的愿望是真诚的,并希望更接近于数学初学者.在写作时作者老想着自己初学时的困惑,一有机会就想说说自以为是的题外话.于是就显得相当饶舌.这究竟是令人生厌,还是能对初学者有所帮助,只好敬请读者来指正.

参考书目

[1]贝尔热. 几何:第3卷[M]. 马传渔,译. 北京:科学出版社,1989.

[2]吴利生,庄亚栋. 凸图形(中学生文库)[M]. 上海:上海教育出版社,1982.

[3]史树中. 凸分析[M]. 上海:上海科学技术出版社,1990.

数学高端科普出版书目

数学家思想文库	
书　名	作　者
创造自主的数学研究	华罗庚著;李文林编订
做好的数学	陈省身著;张奠宙,王善平编
埃尔朗根纲领——关于现代几何学研究的比较考察	[德]F. 克莱因著;何绍庚,郭书春译
我是怎么成为数学家的	[俄]柯尔莫戈洛夫著;姚芳,刘岩瑜,吴帆编译
诗魂数学家的沉思——赫尔曼·外尔论数学文化	[德]赫尔曼·外尔著;袁向东等编译
数学问题——希尔伯特在1900年国际数学家大会上的演讲	[德]D. 希尔伯特著;李文林,袁向东编译
数学在科学和社会中的作用	[美]冯·诺伊曼著;程钊,王丽霞,杨静编译
一个数学家的辩白	[英]G. H. 哈代著;李文林,戴宗铎,高嵘编译
数学的统一性——阿蒂亚的数学观	[英]M. F. 阿蒂亚著;袁向东等编译
数学的建筑	[法]布尔巴基著;胡作玄编译

数学科学文化理念传播丛书·第一辑	
书　名	作　者
数学的本性	[美]莫里兹编著;朱剑英编译
无穷的玩艺——数学的探索与旅行	[匈]罗兹·佩特著;朱梧槚,袁相碗,郑毓信译
康托尔的无穷的数学和哲学	[美]周·道本著;郑毓信,刘晓力编译
数学领域中的发明心理学	[法]阿达玛著;陈植荫,肖奚安译
混沌与均衡纵横谈	梁美灵,王则柯著
数学方法溯源	欧阳绛著

书　名	作　者
数学中的美学方法	徐本顺,殷启正著
中国古代数学思想	孙宏安著
数学证明是怎样的一项数学活动?	萧文强著
数学中的矛盾转换法	徐利治,郑毓信著
数学与智力游戏	倪进,朱明书著
化归与归纳·类比·联想	史久一,朱梧槚著

数学科学文化理念传播丛书·第二辑

书　名	作　者
数学与教育	丁石孙,张祖贵著
数学与文化	齐民友著
数学与思维	徐利治,王前著
数学与经济	史树中著
数学与创造	张楚廷著
数学与哲学	张景中著
数学与社会	胡作玄著

走向数学丛书

书　名	作　者
有限域及其应用	冯克勤,廖群英著
凸性	史树中著
同伦方法纵横谈	王则柯著
绳圈的数学	姜伯驹著
拉姆塞理论——入门和故事	李乔,李雨生著
复数、复函数及其应用	张顺燕著
数学模型选谈	华罗庚,王元著
极小曲面	陈维桓著
波利亚计数定理	萧文强著
椭圆曲线	颜松远著